Die Macher der dritten industriellen Revolution:

Das Maker Movement

Petra Fastermann

Die Macher der dritten industriellen Revolution

Das Maker Movement

BoD – Books on Demand

Herstellung und Verlag: BoD – Books on Demand, Norderstedt

©2013 Petra Fastermann

Umschlaggestaltung: Petra Fastermann

ISBN: 978-3-848-26074-4

Die Deutsche Nationalbibliothek verzeichnet diese Publikation in der Deutschen Nationalbibliografie; detaillierte bibliografische Daten sind im Internet über www.dnb.de abrufbar.

Vorwort

Im Juli 2012 habe ich ein Buch über 3D-Druck/Rapid Prototyping veröffentlicht. Der Grund dafür war, dass ich mich als Dienstleisterin für 3D-Druck selbständig gemacht und mich im Anschluss daran so intensiv mit dem Thema und meinen neuen Erkenntnissen beschäftigt hatte, dass ich diese Technologie gern einem größeren Publikum vorstellen wollte. Nahezu jeder hat inzwischen schon einmal von 3D-Druck gehört. Immer mehr Privatleute beschäftigen sich damit und werden so zu Machern: 3D-Druck ermöglicht es jedem Einzelnen, selbst Designer, Konstrukteur oder Erfinder und zugleich Hersteller und Verkäufer zu werden, ohne ein großes finanzielles Risiko einzugehen. Ich hatte eine professionelle 3D-Druck-Anlage erworben, weil ich Modelle in so hoher Qualität herstellen wollte, dass ich sie weiterverkaufen konnte.

Über Bekannte erfuhr ich vom Düsseldorfer FabLab, dem GarageLab: Nicht weit von meinem Büro war eine offene Werkstatt gegründet worden, in welcher jeder, der gegen einen kleinen Beitrag Mitglied wurde, auf einem einfachen 3D-Drucker drucken konnte. Auf einem Open-Source-3D-Drucker, der einen Bruchteil dessen kostete, was ich für meinen bezahlt hatte. Dieser Open-Source-Drucker produzierte ebenfalls Prototypen oder Spaß- und Lernobjekte – wenn auch in geringerer Qualität als meine professionelle Maschine – und stand den Mitgliedern des FabLabs zur Verfügung. In diesem FabLab fand ein reger Austausch statt. Hier trafen sich Tüftler, Bastler, Künstler, Designer oder Modellbauer. Jeder Einzelne von ihnen war ein kreativer Entwickler, der eine Idee hatte und diese umsetzen wollte. In einer anregenden und innovativen Gemeinschaft von Machern.

Schließlich gab es noch etwas, das mich auf die Idee brachte, dieses Buch für Macher zu schreiben: Mein Freund und ich haben zusammen ein Jugendstilhaus gekauft, das wir innen komplett entkernen mussten. Wir wollten es in seinem ursprünglichen Stil wiederherstellen. Um das zu tun, hätten wir den Jugendstil-Stuck sicher bei einem Unternehmen maßanfertigen und produzieren lassen können. Aber wir wollten alles Stück für Stück entstehen sehen, während des Gestaltens wieder und wieder Änderungen vornehmen. Am Ende sollte alles genau passen und genau unseren Vorstellungen entsprechen – die sich jedoch im Prozess des Machens ändern konnten. Damit war die Alternative, den Stuck selbst herzustellen. Mein Freund begann, aus Gips neuen Stuck für unser Jugendstilhaus zu produzieren. So wurden wir zu Machern.

Im letzten Quartal 2012 kam das Buch von Chris Anderson *Makers: The New Industrial Revolution* auf Englisch heraus. Das erwarb ich sofort, um es innerhalb kürzester Zeit zu lesen. Gleichzeitig verfestigte sich mein Gedanke, dass auch ich unbedingt meinen Plan, ein Buch über die Macher-Bewegung zu schreiben, umsetzen wollte. Weil noch nicht genug darüber geschrieben worden, weil diese Bewegung noch längst nicht genügend gewürdigt und anerkannt worden ist, ihr bisher in Deutschland nicht die Aufmerksamkeit zuteil wurde, die sie verdient. Und weil sie sich ständig weiterentwickelt.

Mein herzlicher Dank an alle, die mir großzügig ihre Fotos für die Veröffentlichung zur Verfügung gestellt haben.

Insbesondere danke ich Edward von Flottwell, der dieses Buch mit kritischem Blick gelesen hat und mich als Maker immer wieder überrascht und inspiriert.

Düsseldorf, im Januar 2013   Petra Fastermann

Inhaltsverzeichnis

Einleitung

Dieses Buch habe ich für alle, die etwas machen und bewegen wollen, geschrieben. Und auch für diejenigen, welche schon Macher sind. Deren Ideen habe ich gesammelt und zusammengefasst und um alles Mögliche ergänzt, das ich zu dem Thema noch recherchiert habe. Damit Leser und Leserinnen in einem Werk komprimiert Anregungen und Einfälle finden, die ihnen eine Grundlage für ihre eigenen Ideen bieten und die sie weiterentwickeln können.

Wodurch kennzeichnen sich die modernen Macher? Worin liegt der Unterschied zum traditionellen und herkömmlichen *do it yourself*? Was ist das Neue an der Bewegung der Macher, und kann man wirklich von einer „Bewegung" oder gar von Machern als Treibern einer dritten industriellen Revolution sprechen? Diese Fragen soll das Buch beantworten.

Zur Macher-Bewegung gehört neben guten Ideen nicht zuletzt eine Portion Mut und das Selbstbewusstsein jedes Einzelnen, dass er, wenn er möchte, die Möglichkeit hat, etwas zu produzieren. Sei es für den eigenen Gebrauch oder auch dafür, dass andere es ebenfalls gebrauchen können und deshalb haben wollen.

So ist nicht zuletzt dieses Buch als Book on Demand ein Produkt der Macher-Bewegung – ohne große Umwege vom „Maker" selbst an den Leser und die Leserin gebracht. Ohne den Zwischenweg über einen Verlag ist es genauso gedruckt worden, wie und wann ich es vorgegeben habe. Vor allem: Wann ich es vorgegeben habe, denn ich wollte gerade dieses Buch schnell weiteren Machern und potenziellen Machern zur Verfügung stellen. Meine

eigenen Erkenntnisse sollten so schnell wie möglich weitergegeben werden.

Aus noch einem weiteren Grund habe ich dieses Mal
bewusst keinen Verlag für mein Buch gesucht: Ein Buch
über das Maker Movement wollte ich selbst machen,
selbst gestalten und selbst vertreiben. Das ist ein Versuch,
der auch scheitern kann. Wie jeder Versuch. Aber gerade
die Möglichkeit, dass jedem genau das glücken kann, das
er sich umzusetzen wünscht und selbst produziert, ist
meiner Meinung nach das eigentlich Revolutionäre an der
Macher-Bewegung. Vor allem, dass ein solcher Versuch
möglich ist, ohne das Risiko einzugehen, dass man beim
Scheitern finanziell ruiniert ist.

Warum ist dieses Buch nicht Open Source? Das ist eine Frage, die ich von einigen Lesern und Leserinnen er-
warte. Denn ich habe hier ein Buch verfasst, das sich aus-
giebig mit der Förderung des Machens, Open Source und
dessen, das der Einzelne nach Möglichkeit alles herstellen
soll, befasst. Wie in vielen Macher-Projekten steckt auch
in diesem viel Arbeit. Macher sollten ihre Arbeit nicht nur
als Hobby betreiben müssen, sondern dafür einen Gegen-
wert erhalten. Das ist meiner Einschätzung nach ebenfalls
Teil des Revolutionären an der Macher-Bewegung: Dass
das Machen des Einzelnen nicht nur eine Nischenbeschäf-
tigung bleibt, sondern dadurch, dass es bezahlt wird, weiterentwickelt werden kann. Ich habe versucht, den Preis
für das Buch so gering wie möglich zu halten.

Themenauswahl

Ich habe in diesem Buch gesammelt, was meiner Ansicht nach für Macher interessant ist. Das ist zum einen
natürlich erst einmal die Definition und zum anderen die
Entwicklung der Bewegung der Macher. Bedeutend sind

in einer Art Handbuch für Macher auch die Mittel und Methoden, die ihnen dabei nützlich sein können, ihre Ideen und Projekte umzusetzen – beispielsweise Crowdfunding oder Open Source. Außerdem führe ich viele Beispiele für das moderne Machen auf, teilweise auch erläutert und erklärt oder sonst mit Hinweisen darauf, wo weitere Erläuterungen und Erklärungen gefunden werden können. Das Buch ist aber nicht allein als Anwendungsbuch gedacht, sondern soll mit vielen Beiträgen anschaulich erläutern, was gegenwärtig unter der Macher-Bewegung verstanden wird – welche die Medien zunehmend als Treiber der dritten industriellen Revolution bezeichnen. Weil ständig von der dritten industriellen Revolution die Rede ist, habe ich versucht, auch die ersten beiden industriellen Revolutionen kurz zu beschreiben und zu erklären. Am Ende habe ich diesem Buch eine Link-Sammlung von Webseiten hinzugefügt, von denen ich denke, dass sie Machern sehr nützlich sein könnten.

Maker Movement – die Bewegung der Macher

Ich war eigentlich auf der Suche nach Informationen zu 3D-Druck, weil ich gerade ein Buch über das Thema schrieb, als ich zufällig im Dezember 2011 im „Technology Quarterly", dem Sonderteil des britischen Wochenmagazins „Economist", den Artikel „More than just digital quilting" (übersetzt etwa: „Mehr als bloß digitales Absteppen") fand. In diesem Artikel über den „Maker Faire", ein zweitägiges Do-it-yourself-Festival, das im September 2011 in New York stattgefunden hatte, berichtete der „Economist" über etwas, das er als „maker" movement – „Macher"-Bewegung – bezeichnete. Hier las ich den Begriff, der bereits eine Bewegung bezeichnen sollte, zum ersten Mal. Dass das seriöse, eher als konservativ geltende Wirtschaftsmagazin schrieb, es könne auf Basis der Macher-Bewegung ein neuer Zugang zum Lernen von Naturwissenschaften gefunden werden, diese Art von Innovationsförderung könne sogar eine neue industrielle Revolution anstoßen, versetzte mich in Staunen. Das schien eine größere Bedeutung zu haben, eine andere Dimension als ein paar Leute, die sich auf einem größeren Heimwerkertreffen über ihre Projekte austauschen.

Was aber ist es genau, das die Macher heute kennzeichnet? Wo ist der Unterschied zu traditionellen und herkömmlichen Hobbybastlern und Heimwerkern, die es immer schon gegeben hat? Selbst früher in Schulen erteilter Handarbeits- und Hauswirtschaftsunterricht hätte doch – allein vom Selbstmachen ausgehend – eine Art Maker-Anspruch gehabt? Jeder Flohmarkt und Weihnachts-Kirchenbasar wäre ein Maker Faire gewesen. Was ist das Neue an der Bewegung der Macher und kann man wirklich von einer „Bewegung" oder gar von einer neuen industriellen Revolution sprechen?

In seinem Buch „Makers: The New Industrial Revolution" erklärt Chris Anderson drei Punkte, durch welche sich seiner Ansicht nach das Maker Movement kennzeichnet (Seite 21):

1. „Menschen, die digitale Desktop-Tools nutzen, um Entwürfe für neue Produkte zu entwickeln und aus diesen zu fertigen (‚digitales Do it yourself').
2. Eine kulturelle Norm, diese Designs zu teilen und mit anderen in Online-Communitys zusammenzuarbeiten.
3. Die Nutzung gemeinsamer Design-Datei-Standards, die es jedem, der möchte, ermöglichen, seine Entwürfe an kommerzielle Hersteller und

Dienstleister zu senden, um sie in einer beliebigen Anzahl produzieren zu lassen – genauso einfach, wie er die Entwürfe auf seinem Desktop herstellen kann. Dies verkürzt den Weg von der Idee zum Unternehmertum radikal, genauso wie es das Web in Bezug auf Software, Information und Content getan hat."

Dem kann ich mich anschließen, aber ich möchte an dieser Stelle noch Folgendes ergänzen: Das Wichtigste und meiner Ansicht nach Bedeutendste an der ganzen Maker-Bewegung ist die Möglichkeit, sein eigenes Design nicht nur umzusetzen, sondern auch weltweit verbreiten zu können.

Das Maker Movement als Teil der dritten industriellen Revolution

Als Beispiele für die erste industrielle Revolution werden gern allen voran die Erfindungen der Spinnmaschine und des mechanischen Webstuhls genannt, mit denen im 18. Jahrhundert die Produktion in der Textilindustrie in England immens gesteigert werden konnte. Der Standort Manchester ist ein Synonym für die erste industrielle Revolution, die von England ausging. Auch die Erfindung der Dampfmaschine, die als Arbeitsmaschine zum Antrieb von allen möglichen Geräten genutzt werden und die Kraft von Menschen und Tieren effizient ersetzen konnte, gehört zur ersten industriellen Revolution.

Das Bedeutendste daran ist der Schritt in die Richtung der Veränderung von der Landwirtschaft hin zur frühen Industrialisierung.

Als zweite industrielle Revolution wird der Zeitrahmen von ungefähr 1870 bis in die zwanziger Jahre des zwanzigsten Jahrhunderts betrachtet. Hierbei wird in Deutschland der Schwerpunkt auf um 1870 bis 1880 gelegt, ausgehend von den Entwicklungen gerade in der chemischen Industrie und in der Elektrotechnik und einhergehend mit der Hochindustrialisierung Deutschlands. In den USA hingegen wird diese zweite industrielle Revolution entscheidend durch die Verbreitung der Fabriken mit Fließbandfertigung Anfang des 20. Jahrhunderts charakterisiert. Technischer Fortschritt und Massenproduktion – wie zum Beispiel die Fließbandfertigung von Autos wie Henry Fords Modell T (Tin Lizzy) in der 1903 gegründeten Ford Motor Company – kennzeichnen in Amerika die zweite industrielle Revolution.

Es ist für Revolutionen typisch, dass sie Gesellschaften verändern. Im Januar 2013 schreibt der „Economist" in einem Artikel über wachsenden Konsum in Schwellenländern: „Großbritannien, wo die industrielle Revolution begann, brauchte 150 Jahre, um das Pro-Kopf-Einkommen zu verdoppeln. In Amerika dauerte es 30 Jahre. China und Indien haben die gleiche Leistung in einem Bruchteil der Zeit geschafft – und in einem größeren Maßstab. Das Ergebnis ist eine Explosion in der Zahl der Menschen, die sich den Luxus der Mittelklasse leisten können – beispielsweise ein schönes Zuhause und für ihre Kinder einen guten Start."

Auch der Übergang von ausschließlicher Handarbeit zu Maschinenarbeit hatte gesellschaftliche Folgen. Denn die Ersparnis an Zeit, die zuvor mit schwerer Arbeit für den reinen Erhalt der eigenen Existenz verbracht worden war, ermöglichte es plötzlich dem Einzelnen, sich mit Themen zu befassen, die über seine bloßen Grundbedürfnisse hinausgingen. Einer größeren Bevölkerungsgruppe und nicht nur wenigen Privilegierten wurde es mit einem Mal möglich, sich in der gewonnenen Zeit zum Beispiel mit Kunst, Kultur oder Politik zu beschäftigen. Wenn sie einen Ersatz für ihre frühere Arbeit fanden und nicht durch Arbeitslosigkeit ins Elend gestürzt wurden.

Als dritte industrielle Revolution wird mittlerweile eine Kombination aus digitaler und privater Herstellung verstanden. Es ließe sich behaupten, dass bereits der Computer in den fünfziger Jahren und seine Verbreitung in den siebziger und achtziger Jahren des zwanzigsten Jahrhunderts mit dem Informationszeitalter die dritte Revolution einläuteten. Aber der Computer veränderte erst dann nachhaltig die Gesellschaft, als er mit Netzwerken verbunden war. Eine industrielle Revolution ergab sich daraus dennoch nicht, weil dabei nicht genügend materielle Produkte hergestellt wurden. Durch den Computer jedoch wurde die Fertigung rationalisiert. Die Vermischung von Digitalem und physischen Objekten ist das eigentlich Neue und Revolutionäre. Physische Objekte werden zunächst digital entwickelt. Die zunehmende und sich ständig verbessernde Digitalisierung in der Herstellung wird meiner Einschätzung nach einen überwältigenden Einfluss haben – ganz so, wie in allen anderen Bereichen, die digitalisiert wurden. Seien das Fotografie, Musik, Filme oder Veröffentlichungen.

Die dritte industrielle Revolution, welche die Gesellschaft nachhaltig verändern wird, beginnt mit der Bewegung der Macher.

Das eigentlich Revolutionäre ist, dass die Herstellungsbarrieren schwinden. Es ist nicht lange her, dass im Voraus sichergestellt sein musste, dass ein Produkt genügend Käufer finden würde. Ohne diese Sicherheit hätte es für das Produkt keinen Hersteller gegeben. Auch der Ver-

kauf gestaltete sich schwierig: Damit ein Produkt überhaupt in einem Geschäft platziert werden konnte, musste
der Inhaber daran glauben, es tatsächlich verkaufen zu
können. Und nicht zuletzt musste die Werbung stimmen,
damit ein möglicher Käufer überhaupt von dem Produkt
erfahren konnte. All das hat das Internet gewissermaßen
demokratisiert. Jeder kann anbieten, was er möchte, und
einen Markt dafür finden. Jeder kann – beispielsweise
mittels Crowdfunding – im Vorfeld ohne Kosten ermitteln, ob es für sein Produkt überhaupt einen Markt gibt.
Schließlich hat auch jeder die Möglichkeit, mit einer eigenen Internetseite, in sozialen Netzwerken, mit einem
Film auf YouTube oder Ähnlichem für sein Produkt zu
werben. Mit den neuen Fertigungsmethoden, wie dem
3D-Drucker, kann sogar jeder selbst herstellen. Das Web
bietet inzwischen zahlreiche Möglichkeiten, auch Nischenprodukte anzubieten und zu vermarkten. Kaum vorstellbar wäre all das ohne Digitalkameras und ohne die
Möglichkeit, dass jeder das, was er zu bieten hat, der ganzen Welt unmittelbar zeigen kann. Die Macher-Bewegung
bietet dem klassischen talentierten Amateur eine Bühne.
Auch wer nicht selbst designt und erfindet, kann mitmachen. Es wird sehr leicht gemacht, digitale Vorlagen –
beispielsweise von einem T-Shirt-Design – nachzubearbeiten und den eigenen Wünschen anzupassen. Die
Hemmschwelle ist nahezu nicht existent. Selbst in sehr
geringer Anzahl können Teile immer noch wirtschaftlich
hergestellt werden. Vor allem: Sie können dank neuer
Herstellungsmethoden flexibler und mit erheblich weniger Arbeitsaufwand als zuvor produziert werden – und
dank Services, die sich online buchen lassen, gleichzeitig
sehr schnell. Die Macher-Bewegung entfernt sich von der
Massenproduktion und bewegt sich hin zur individuellen
Herstellung.

18

Maker Faires

Wie ich schon schrieb: Ich hatte von den Maker Faires (übersetzt etwa: Macher-Messen) im „Economist" gelesen. Eine kurze Recherche auf der Webseite makerfaire.com bewies mir, dass Maker-Faire-Events, vom „Economist" als futuristische Handwerksmessen charakterisiert, bei denen alles selbst hergestellt werde, längst auch an vielen anderen Orten der Welt – und nicht nur in den USA – stattfanden. Weltweit, auch in Afrika und Asien, gibt es mittlerweile Maker Faires. Der erste Maker Faire fand bereits 2006 in San Mateo, Kalifornien, USA, statt. Inzwischen kann jeder, der möchte, einen Maker Faire nach Anleitung organisieren. Wichtig ist dabei zu beachten, was Maker Faire nicht sein möchte: Maker Faires sollen keine kommerziellen Veranstaltungen sein, weil es das primäre Ziel ist, Menschen mit ihren Ideen und Projekten zusammenzubringen. Wer aktuelle Details dazu herausfinden und vielleicht selbst solch eine Veranstaltung organisieren möchte, schaut am besten selbst auf der makerfaire.com-Webseite nach.

Auf der Webseite von Maker Faire heißt es: „Maker Faire bietet die Möglichkeit, in uns selbst mehr zu sehen als bloß Konsumenten. Wir sind produktiv, wir sind kreativ. Jeder ist ein Macher und unsere Welt ist genau das, was wir aus ihr machen."

Einer der Mitgründer der Maker Faires ist Dale Dougherty, der gleichzeitig das MAKE Magazine, das Magazin für Makers, verlegt und außerdem den Verlag O'Reilly Media mitgegründet hat. Als „Champion of Change" wurde er bereits Ende 2011 vom Weißen Haus geehrt. Diese Auszeichnung wird in den USA an Amerikaner verliehen, die ihren Mitbürgern dabei helfen, sich den „Herausforderungen des 21. Jahrhunderts" zu stellen.

3D-Drucker – Open Source, kontinuierlich billiger werdende 3D-Druck-Dienstleister mit immer besserem Angebot

Das Verfahren

Aus meiner Sicht ist 3D-Druck/Rapid Prototyping/Additive Manufacturing/Generative Fertigung – jeder kennt mittlerweile eines dieser Schlagwörter – die Zukunftstechnologie überhaupt, welche die Welt verändern wird. So, wie der Computer unser Leben verändert und in vielerlei Hinsicht entscheidend erleichtert und bereichert hat. In jedem Fall ist ein Leben ohne die Leistungen von Computern heute nicht mehr vorstellbar. Ich bin überzeugt davon, dass in nur wenigen Jahren ebenfalls kaum jemand sich mehr daran wird erinnern wollen, wie der Alltag ohne die Leistungen von Additive-Manufacturing-Maschinen – Maschinen, die im aufbauenden statt im abtragenden Verfahren produzieren – war. Gerade in Bereichen wie der Medizintechnik und der Luft- und Raumfahrt ist diese Hochtechnologie schon heute unverzichtbar.

Zunächst werde ich kurz erläutern, was 3D-Druck ist und was diese Technologie leisten kann. Ich möchte den 3D-Druck, über welchen ich ein ganzes Buch verfasst habe, hier nur in seinen Grundlagen erklären, weil er nicht nur für die Zukunft von immenser Bedeutung sein wird, sondern gleichfalls aus der Maker-Bewegung nicht mehr wegzudenken ist. Als Zukunftstechnologie, die noch nicht allen in ihrer Funktionsweise bekannt ist, muss 3D-Druck aber meines Erachtens direkt am Anfang eingeführt und kurz beschrieben werden.

Als Rapid Prototyping – das bedeutet schneller Prototypenbau – wurde 3D-Druck schon in den 80er Jahren des vergangenen Jahrhunderts bekannt. Zu diesem Zeitpunkt war die Technologie als Fertigungsverfahren aber erst einmal überwiegend den Entwicklungs- und Forschungsabteilungen der Industrie vorbehalten. Eben um Prototypen zu fertigen, welche Probe-Werkstücke oder Muster sein konnten. Bevor diese zur Serienreife kommen, um dann in großen Mengen hergestellt zu werden, ist es erforderlich, Prototypen zu produzieren, um beispielsweise das Design, die Passform oder die Montierbarkeit zu überprüfen. Die Verfahren dazu wurden immer mehr verbessert, und gleichzeitig sanken die Kosten.

Mittlerweile setzt sich zunehmend der Begriff „Additive Manufacturing" gegenüber dem des „Rapid Prototyping" durch. Das scheint sinnvoll, weil zum einen längst nicht mehr bloß Prototypen mit der modernen Technologie gebaut werden. Zum anderen erklärt „Additive Manufacturing" – auf Deutsch etwa „aufbauendes Herstellen" – als Begriff den Herstellungsprozess sehr anschaulich: Beim 3D-Drucken wird ein Objekt in Schichten aufgebaut. So ist 3D-Druck als aufbauendes Verfahren sehr anders als beispielsweise seit vielen Jahrzehnten bekanntere zerspanende Herstellungsmethoden wie Fräsen oder Drehen, bei welchen beim Herstellen eines Bauteils Material entfernt statt hinzugefügt wird. An einem Beispiel aus der Industrie lässt sich der Unterschied erklären: Soll ein Bauteil eines Flugzeugflügels gefräst werden, so wird aus einem Block einer Titanlegierung das Bauteil herausgeschnitten, und es bleiben sehr wahrscheinlich große Mengen Späne als Abfall übrig. Diese Späne können auf Grund von eventuellen Verunreinigungen nicht einfach recycelt werden. Diese Art der Herstellung wird als ein subtraktives Verfahren bezeichnet. Das gleiche Flugzeugbauteil lässt sich auch drucken: Dabei wird das Flugzeugbauteil von einem 3D-Drucker schichtweise durch das

Verschmelzen von Titanpulver aufgebaut. Fachgerecht wird diese spezielle Methode des 3D-Druckens als Lasersintern bezeichnet. Lasersintern ist nur eines von zahlreichen unterschiedlichen 3D-Druck-Verfahren. Als weitere Technologien gibt es das Digital Light Processing, das Multi-Jet Modeling, das Wachsausschmelzverfahren, das Pulverdruckverfahren oder die Stereolithographie – und noch einige weitere Verfahren. Je nach Verfahren können Bauteile mit den verschiedensten Materialien produziert werden.

Bei dem aus Titan 3D-gedruckten Flugzeugbauteil entsteht, anders als bei subtraktiven Verfahren, kein Abfall. Es wird nur das Modell gefertigt, das als Auftrag an den 3D-Drucker geschickt wurde: kein Block, sondern ein Flugzeugbauteil. Nicht genutztes Titanpulver kann für die Herstellung des nächsten Bauteils wieder verwendet werden.

Das führt zum nächsten Punkt, welcher die Grundlage für den 3D-Druck jedes Bauteils ist: Um ein Modell drucken zu können, wird zuvor ein dreidimensionales CAD-Volumenmodell benötigt. Das bedeutet, dass in einem 3D-CAD-Programm dieses zu druckende Flugzeugbauteil konstruiert worden sein muss. Es stehen zahlreiche CAD-Programme zur Wahl, so zum Beispiel die sehr bekannten, weil kostenlos aus dem Internet herunterzuladenden 3D-CAD-Programme Blender oder Google SketchUp, welche sowohl auf dem Mac als auch auf dem Windows-PC laufen. Das Flugzeugbauteil, von welchem die Rede ist, wird aber sehr wahrscheinlich in einem professionellen 3D-CAD-Programm konstruiert werden. Solche industrielle Software kann Zehntausende von Euro kosten und ist dabei in der Regel genau für die speziellen Industriebereiche konzipiert. Ein Flugzeugflügel ließe sich zum

Beispiel mit der industriellen Software Pro/Engineer konstruieren.

Diese Konstruktion wird als Datei an den 3D-Drucker übermittelt. Auf einer Druckplattform wächst Schicht für Schicht das dreidimensionale Flugzeugbauteil, das aus Titan-Materialkörnchen entsteht. In diesem Fall, beim Lasersintern, werden die Titankörnchen durch einen Laserstrahl geschmolzen, bevor sie sich zum Flugzeugbauteil verfestigen. Dadurch, dass die einzelnen Schichten miteinander verbunden werden, entsteht am Ende das fertige Flugzeugbauteil.

In der Regel wird derzeit überwiegend mit Materialien wie Kunstharzen, Kunststoffpulver oder Kunststofffäden, Nylon, Metallpulver – wie Legierungen aus Titan, Stahl oder Aluminium – Gips, Wachs oder sogar Papier gedruckt.

Gegenwärtig wird kontinuierlich mit verschiedensten neuen Bau-Materialien experimentiert, die nach und nach sicherlich zum standardgemäßen Einsatz kommen werden. Seien diese Materialien Holz, Nahrungsmittel oder menschliches Gewebe, um in der Zukunft vielleicht Haut zur Heilung von Brandopfern oder – in fernerer Zukunft – möglicherweise sogar funktionsfähige Ersatz-Organe für den menschlichen Körper zu drucken.

Eines aber ist beim 3D-Druck stets gleich: Es handelt sich um ein additives Verfahren. Immer wird das Objekt Schicht für Schicht aufgebaut. Das ist unabhängig davon, ob – wie beim Pulver- oder Gipsdruckverfahren – Pulverschichten aufgetragen und in den Bereichen, in denen das Bauteil entstehen soll, mit Binder verklebt werden. Oder ob – wie beim Multi-Jet-Modeling-Verfahren – das Bau-Material durch einen Druckkopf, der ähnlich wie der Druckkopf eines Tintenstrahldruckers arbeitet, auf die

Bauplattform gespritzt wird, um so das Objekt entstehen zu lassen.

Wo wird das Verfahren eingesetzt?

In seinen Anfängen wurde 3D-Druck überwiegend im Maschinenbau sowie in der Luft- und Raumfahrt- und Automobilindustrie genutzt. Weltweit kommt in der Industrie im Jahr 2012 im Bereich der Automobilindustrie die 3D-Druck-Technologie immer noch am meisten zum Einsatz. Aber auch in der Medizintechnik ist sie unverzichtbar, und es wird kontinuierlich weiter geforscht. Zahntechnik ist inzwischen ohne 3D-Druck kaum mehr vorstellbar. Jeder, der schon einmal eine Zahnprothese benötigt hat, muss davon ausgehen, dass diese sehr häufig mit Hilfe eines 3D-Druck-Verfahrens gefertigt wurde. Die Technologie ist inzwischen so weit fortgeschritten, dass die Bauteile in einer hohen Qualität entstehen, die eine nachträgliche Bearbeitung verzichtbar macht. Aus diesem Grund findet 3D-Druck zunehmend auf allen Gebieten seine Verbreitung – und bei Privatanwendern gerade dort, wo Individualität gewünscht und gefordert ist. Die Möglichkeiten zur individuellen Gestaltung sind beim 3D-Druck unbegrenzt.

Deshalb hat sich die Maker-Bewegung 3D-Druck-Verfahren zu Eigen gemacht. Die meisten Selbstbaudrucker arbeiten heute noch mit einem einfacheren 3D-Druck-Verfahren, dem so genannten FDM (Fused Deposition Modeling)-Verfahren, bei welchem ein Kunststofffaden oder Kunststoffpellets geschmolzen werden. Die Kunststofffäden sind zu recht vertretbaren Preisen im Internet zu erwerben. Vom Prinzip her ist das Druckverfahren bei einem Do-it-yourself-3D-Drucker das gleiche, mit welchem auf einer großen industriellen Anlage Flugzeugbauteile produziert werden: Es wird immer in Schichten aufgebaut.

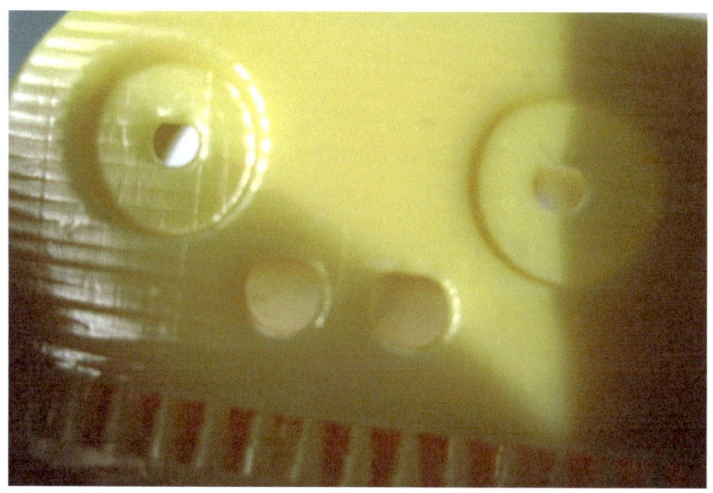

Abbildung 1: Schichten 3D-Druck, Quelle: Fasterpoly

Auf dem Bild lassen sich die verschiedenen Schichten, welche beim Bau des Objekts entstehen, in der Nahansicht sehr gut erkennen. Tatsächlich werden aber die 3D-Druck-Verfahren immer besser, die Schichten sind oft nicht einmal mehr zu erkennen. Das Beispiel-Modell in Abbildung 1, im DLP (Digital Light Processing)-Verfahren gedruckt, soll nur zur Illustration des Aufbaus in Schichten dienen.

In einer Info-Grafik unter dem Titel „3D Printing – How long till the Revolution?", vom Team von Newark.com zusammengestellt und im November 2012 auf der Webseite von www.3ders.org veröffentlicht, gibt es eine Übersicht zur gegenwärtigen Nutzung von 3D-Druck/Rapid Prototyping/Rapid Manufacturing weltweit. Unterteilt wird in Industrie- und Privatanwender.

Nutzung in der Industrie

Automobil: 31,7%; Konsumgüter: 18,4%; Büromaschinen: 11,2%; Medizintechnik: 8,8%; Hochschulen: 8,6%; Luft- und Raumfahrt: 8,2%; Regierung/Militär: 5,5%; Sonstige: 7,7%.

Nutzung durch Privatanwender

Funktionale Modelle: 14%; künstlerische Produkte: 14%; Ersatzteile für Bauteile: 13%; Teile für Forschungs-/Bildungszwecke: 13%; Herstellung von Werkstücken: 11%; Abdeckungen und Ähnliches für Bauteile: 8%; Präsentationsmodelle: 7%; Möbel und Haushaltsdekorationen: 6%; zum Gebrauch als Modell/in Gussformen: 5%; Anschauungsmaterial: 5%; Sonstige: 4%.

Gerade unter Privatanwendern nimmt die Nutzung von 3D-Druck-Dienstleistungen immer mehr zu. Während das Online-Magazin excitingcommerce vermutet, dass das Unternehmen Figureprints mit seinem 3D-Druck von Xbox- und World-of-Warcraft-Figuren im Web der Dienstleister mit dem größten Umsatz sei, hat der 3D-Druck-Dienstleister Shapeways für 2011 die ersten Zahlen veröffentlicht. Demnach habe Shapeways im Jahr 2011 mehr als 750.000 individuelle Produkte gedruckt und in die gesamte Welt verschickt.

Das Online-Magazin excitingcommerce schätzt, dass Shapeways damit im Jahr 2011 auf einen Umsatz von mindestens 20 Millionen US-Dollar gekommen sein muss – ausgehend davon, dass ein Produkt im Schnitt 30 US-Dollar kostet.

Wer sind die Privatanwender, die derzeit 3D-Druck nutzen? Ein erste statistische Erhebung über Nutzer von 3D-Druck wurde unter dem Titel „Manufacturing in Motion:

First Survey on 3D Printing Community" von Peerproduction (unterstützt von der P3P Foundation) im Mai 2012 veröffentlicht: Von 358 Befragten beantworteten 261 alle Fragen. Der durchschnittliche Befragte war ein Mann, 35,5 Jahre alt und aus Europa oder Nordamerika. Zurzeit scheint die überwiegende Anzahl der Nutzer von 3D-Druck noch männlich zu sein: Mit einer Mehrheit von 78,43% waren die Teilnehmer der Umfrage Männer, Frauen stellten mit 6,72% eine kleine Minderheit dar. 14,85% der Befragten machte keine Angaben zu ihrem Geschlecht.

Im Ergebnis haben die gegenwärtigen Nutzer der 3D-Druck-Technologie eine überdurchschnittliche Ausbildung: So verfügten 56% der Befragten über einen Bachelor-Abschluss.

Die meisten Anwendungen dieser Hochtechnologie gibt es jedoch derzeit nach wie vor in der Industrie. Das US-amerikanische Unternehmen Wohlers Associates mit Sitz in Fort Collins, Colorado, berät zu Entwicklungen und Trends auf dem Gebiet Rapid Product Development/Additive Manufacturing. Wohlers Associates gibt als konservative Prognose im Mai 2011 zum Wachstum im Bereich Additive Manufacturing 3,1 Mrd. USD bis zum Jahr 2016 und 5,2 Mrd. USD bis zum Jahr 2020 an. Das sind Wachstumszahlen, die, selbst wenn nur vorsichtig geschätzt, ganz deutlich auf eine industrielle Revolution hinweisen.

Wie wird diese Hochtechnologie zum Massenphänomen?

Ich habe mir Ende des Jahres 2010 meinen ersten 3D-Drucker für viele Tausend Euro gekauft und ein Unternehmen gegründet, welches 3D-Druck als Dienstleistung anbietet. Der Schwerpunkt sollte sein, für Privatpersonen zu produzieren. Als ich Anfang 2010 Leuten von meinen Plänen erzählte, mich als Dienstleisterin für Rapid Prototyping selbständig machen zu wollen, wurde ich mehr als einmal gefragt: „Für wen?" Das würde heute sehr wahrscheinlich nicht mehr so häufig passieren.

Mein Geschäft lief zufrieden stellend an, aber gleichzeitig wuchs die Konkurrenz schnell. Ich war nicht die Einzige mit der guten Idee gewesen, und sowohl die Verfahren, mit denen Modelle hergestellt werden konnten als auch die Qualität der Endprodukte wurden kontinuierlich besser. 3D-Druck-Dienstleister gab es täglich mehr, mit einem immer größeren Angebot und dabei kleiner werdenden Preisen. Tauschplattformen im Internet, von einigen 3D-Druck-Dienstleistern für die Kunden geschaffen, förderten den Austausch innerhalb der kreativen Gemeinschaft von Konstrukteuren. Wer möchte, kann seine selbst konstruierten Produkte öffentlich einstellen und auf der Plattform tauschen oder verkaufen. Oder selbst zum Beispiel die Konstruktion erwerben, die ein anderer Macher geschaffen hat – und sie so nehmen, wie sie ist oder weiter daran arbeiten, sie verändern und seinen eigenen Wünschen anpassen. Dem Einfallsreichtum sind beim 3D-Druck keine Grenzen gesetzt. Jeder kann Erfinder, Entwickler, Hersteller und Verkäufer werden. Das ist ein Phänomen, das völlig neu ist. Ohne große Kapitalinvestitionen ist es jedem möglich, sich ein Produkt auszudenken und mit sehr geringen Kosten mittels 3D-Druck herzustellen und zu vertreiben. Mit ein paar Mausklicks lässt sich ein Modell am Computer verändern oder verbessern – um es mit minimalem Kapitalaufwand erneut zu produzieren. Im April 2012 vergleicht der „Economist" diese Online-Communitys mit Facebook und stellt fest, dass man das Phänomen des gemeinsamen Herstellens als „social manufacturing" bezeichnen könnte.

Auch wer nicht selbst konstruieren möchte, kann diese Technologie nutzen

Bisher ist 3D-Druck noch längst keine von der Mehrheit der Bevölkerung genutzte Technologie. Ein Grund dafür ist sicher, dass die Basis für 3D-Druck – dreidimensionale CAD-Volumenmodelle zu konstruieren – den meisten bislang ein Rätsel ist und damit oft eine unüberwindlich scheinende Hemmschwelle darstellt. Bei CAD denken viele an sehr teure Programme, welche kaum ohne eine mehrwöchige Schulung bedienbar sind.

Davon sollte sich aber niemand beeindrucken oder einschüchtern lassen. Im November 2012 wurde zum Beispiel von der Firma Autodesk ein kostenloses CAD-Programm vorgestellt, welches die Möglichkeit bietet, ohne CAD-Kenntnisse druckbare Modelle zu konstruieren. Nicht allein von Autodesk, sondern auch von vielen anderen Firmen, die das 3D-Drucken populärer machen wollen, gibt es mehr und mehr kostenlose CAD-Programme. Dass die neue Autodesk-Software mit dem Namen 123D Design aber nun das Erstellen dreidimensionaler Volumen-CAD-Modelle ohne CAD-Kenntnisse ermöglicht, sollte zahlreiche 3D-Druck-Interessierte dazu motivieren, es einfach einmal auszuprobieren. Die kostenlose 3D-CAD-Modellierungs-Software 123D Design läuft online im Browser als Download sowohl für Mac OS als auch unter Windows und ist zusätzlich als iPad App erhältlich. Es sind tatsächlich keine CAD-Kenntnisse erforderlich, um die intuitive Software 123D Design zu bedienen. Zahlreiche Tutorials, die auf der Internetseite des Unternehmens Autodesk oder bei YouTube zu finden sind, zeigen, wie leicht das Programm sich nutzen lässt.

Figuren und Formen, die sonst mühsam selbst konstruiert werden müssten – so genannte Primitives –, sind bereits vorgegeben. Sie können mit der Drag-and-Drop-Methode (Bewegen grafischer Elemente mittels eines Zeigegeräts) auf das so genannte Gitternetz (Grid), eine Art virtuelle Plattform, gelegt werden. Mit anderen, schon vorgegebenen Modellen, lassen sie sich verbinden und kombinieren. Auch die gewünschte Größe der Objekte können Nutzer durch die Eingabe der selbst gewählten Maße verändern. Neben abstrakten Formen sind außerdem Modelle zu ganzen Themengebieten, beispielsweise „Haus" oder „Roboter", bereits vorhanden und müssen nur noch in gewünschter Kombination mit der Maus verschoben wer-

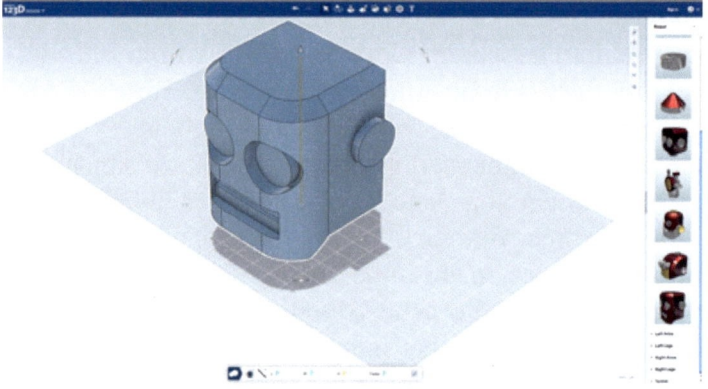

Abbildung 2: 123D Design von Autodesk: Beispiel Roboter-Kopf, Ouelle: Autodesk

den. So lässt sich der Roboter leicht aus einer Art Bausatz zusammensetzen: Dafür gibt es eine Auswahl von Köpfen – wie in Abbildung 2 zu sehen –, Armen oder Augen und weiteren für einen Roboter erforderlichen Komponenten. Diese müssen lediglich zusammengeklickt werden. Im Anschluss daran können Nutzer beliebig die Größe oder auch die Form des Modells verändern.

Autodesk plant, das Programm kontinuierlich zu erweitern und hat hier etwas sehr Interessantes für die Do-it-yourself-Gemeinschaft vorgestellt. Mit dieser Art von Software, die überhaupt keine klassischen CAD-Konstruktionskenntnisse mehr erfordert, wird selbst dreidimensionales Zeichnen langfristig „demokratisiert" werden. Aus der Software heraus können die Modelle unmittelbar zum Druck an einen 3D-Druck-Dienstleister verschickt werden.

Ähnlich wie die Software 123 Design von Autodesk funktioniert Tinkercad, ebenfalls eine kostenlose 3D-Modellierungssoftware. Ganz ohne CAD-Kenntnisse kommt man dabei nicht aus, aber die Software ist sehr intuitiv und leicht erlern- und bedienbar. Die Modelle werden auch bei Tinkercad aus schon vorgegebenen Elementen – wie Kugeln, Würfeln oder Buchstaben – zusammengesetzt.

Die Tinkercad-Software lässt sich unabhängig vom Betriebssystem nutzen.

Attraktiv für Anwender ist hierbei gleichfalls die Möglichkeit, die Modelle aus der Software heraus direkt an einen 3D-Druck-Dienstleister zu übermitteln. Zusätzlich können Modelle, die von anderen Nutzern designt wurden, weiterbearbeitet oder gedruckt werden. Und noch eine interessante Feature: Selbst bereits existierende 2D- und 3D-Designs lassen sich importieren.

Nicht unerwähnt bleiben sollen an dieser Stelle die Design-Tools, die von den unterschiedlichen 3D-Druck-Dienstleistern zum Herstellen individueller Produkte angeboten werden, so zum Beispiel von Shapeways oder Sculpteo. Auch wer kaum oder gar nicht konstruieren kann, hat Gelegenheit, sich mit Hilfe von Tutorials ein wenig in die Design-Tools der Dienstleister einzuarbeiten und kann beispielsweise eine Vase herunterladen und mit seinem Namen beschriften.

Wie fängt man an – mit dem Konstruieren?

Ich rate allen, die sich mit 3D-Druck beschäftigen und dabei selbst konstruieren möchten, sich zunächst einmal ein kostenloses 3D-CAD-Programm zum Üben des Konstruierens zu besorgen. Es gibt inzwischen immer mehr davon, und die Software wird kontinuierlich optimiert. Weiter oben habe ich schon zwei Programme genannt. Um meine eigenen Erfahrungen mit zwei von mir auspro-

Abbildung 3: Der Blender-Lebkuchenmann, Quelle: Wikibooks.org – Blender

bierten Softwares möchte ich das noch ergänzen.

Ich habe mir zum Erlernen des 3D-CAD-Zeichnens die Kostenlos-Software Blender aus dem Internet heruntergeladen und damit die ersten Schritte gemacht. Für Blender gibt es zusätzlich zu der kostenlosen Software zahlreiche, ebenfalls kostenlose Tutorials im Netz. Die sind sehr hilfreich – und dennoch hat mich damals das Modell eines Lebkuchenmanns, welcher als Ergebnis des Blender-Online-Lehrgangs konstruiert werden sollte, fast um den Verstand gebracht. Überhaupt einen Anfang und einen Zugang zum 3D-CAD-Zeichnen, ein Verständnis für die Grundlagen zu finden schien mir nahezu unmöglich, weil mir der technische Hintergrund fehlte. Trotz der mir damals sehr eigenwillig erscheinenden Bedienung von Blender war die Lernkurve recht steil.

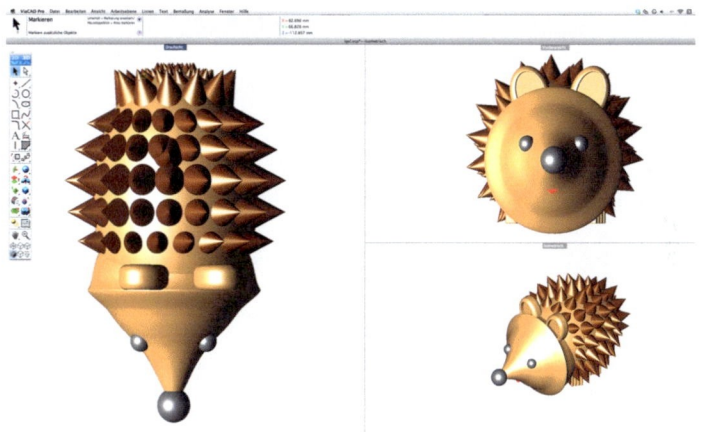

Abbildung 4: Der mit ViaCAD konstruierte Igel, Quelle: Fasterpoly

Inzwischen gibt es längst eine neue Version der Blender-Software, bei der die Bedienung deutlich verbessert wurde. Aber wer als erstes Erfolgserlebnis den Lebkuchenmann zu Stande gebracht hat, vergisst ihn so schnell nicht mehr. Man darf beim Konstruieren nicht sofort aufgeben. Ist die erste Hürde – in meinem Fall der Lebkuchenmann – erst einmal überwunden, stellen sich die nächsten Erfolge mit der Übung nach und nach von ganz allein ein.

Die Abbildung 3 zeigt den fertigen Lebkuchenmann, den ein Blender-Tutorial als Ergebnis vorstellt, wenn man allen Arbeitsschritten richtig gefolgt ist. Er ist beleuchtet und kann animiert werden – weshalb sich gerade Blender als Konstruktionsprogramm vorzüglich für Animation eignet.

Abbildung 5: Der Igel, im PolyJet-3D-Druckverfahren ausgedruckt, Quelle: Fasterpoly

Zusätzlich habe ich mir später eine preiswerte CAD-Software mit dem Namen ViaCAD gekauft, die ebenfalls recht intuitiv war und sich außerdem für technische Konstruktionen gut verwenden ließ. Den Igel habe ich mit ViaCAD konstruiert – das CAD-Programm zeigt ihn in verschiedenen Ansichten, wie in Abbildung 4 zu sehen ist.

Ausgedruckt worden ist der Igel im PolyJet-3D-Druckverfahren. Die sehr hohe Auflösung, die dieses Verfahren bietet, beweist Abbildung 5.

Immer mehr 3D-Druck-Dienstleister bieten inzwischen praktische Online-Workshops an, die Interessierten dabei helfen, ihre eigenen Modelle zu entwerfen und zu entwickeln. Das ist zum einen für die Nutzer sehr hilfreich, zum anderen aber auch eine vernünftige Geschäftsidee: Es wird dabei in der Regel gleichzeitig die Möglichkeit geboten, die in dessen Online-Workshop konstruierten Modelle beim selben 3D-Druck-Dienstleister drucken zu lassen.

Wie fängt man an – mit dem Drucken?

Ein weiterer Grund dafür, dass 3D-Druck nach wie vor keine Beschäftigung für alle ist, ist der, dass viele immer noch denken, 3D-Drucken sei ein verhältnismäßig teurer Spaß für einige wenige, vornehmlich im professionellen Bereich. Die 3D-Drucker seien schwer zu bedienen, die Ergebnisse dabei nicht einmal überzeugend. Es verhält sich jedoch so, dass vor rund fünfundzwanzig Jahren dasselbe Phänomen auf die ersten Tinten- oder Laserdrucker zutraf. Mittlerweile gibt es kaum einen Haushalt mehr, der nicht über einen solchen Drucker verfügt. Ich möchte nicht behaupten, dass in der absehbaren Zukunft jeder Haushalt mit einem 3D-Drucker ausgestattet sein wird. Aber ganz sicher wird in nicht sehr langer Zeit nahezu überall die Möglichkeit bestehen, sich 3D-Modelle ausdrucken zu lassen. In größeren Städten, wie zum Beispiel Düsseldorf, bieten schon jetzt traditionelle Copyshops neben ihren üblichen Dienstleistungen auch 3D-

Druck an. Es wird vermehrt – wie schon in anderen europäischen Ländern – ebenfalls in Deutschland Shops geben, die ausschließlich 3D-Druck-Dienstleistungen anbieten werden. Mit der gleichen Selbstverständlichkeit, mit welcher wir seit Jahren in Copyshops unsere Fotokopien produzieren, werden wir dort hineingehen und uns unsere Modelle ausdrucken lassen.

Neben den zunehmend verbesserten Leistungen der 3D-Druck-Dienstleister und deren stets günstiger sowie kundenfreundlicher werdenden Angeboten und kürzer werdenden Lieferzeiten hat sich noch etwas ganz rasant entwickelt: Die 3D-Drucker werden kontinuierlich preiswerter, so dass einige von ihnen bereits für wenige Hundert Euro zu haben sind. Das macht das Konstruieren für die Do-it-yourself-Bewegung extrem attraktiv. Ganz allein zu Hause können Erfinder und Konstrukteure ihre eigenen Modelle ebenso wie die im Internet heruntergeladenen ausdrucken. Oder eben in offenen Werkstätten wie FabLabs, auf die ich später noch eingehen werde.

Einer der bekanntesten Selbstbau-3D-Drucker ist sicherlich der RepRap, welcher von dem Briten Adrian Bowyer entwickelt und als erster Open-Source-3D-Drucker bekannt wurde. Der RepRap ist in der Lage, die Kunststoffteile, welche zu seinem Bau erforderlich sind, selbst zu produzieren. Deswegen sein Name: Replicating Rapid Prototyper – RepRap –, der sich selbst replizieren, also vervielfältigen kann. Dadurch dass die Baupläne für den 3D-Drucker ebenso wie die erforderliche Software als Open Source zur Verfügung stehen, ist es jedem gestattet, ihn nachzubauen oder weiterzuentwickeln.

Besonders sympathisch wirkt die Grundidee, aus welcher der RepRap-Drucker entstand. Adrian Bowyer, Ingenieur und Mathematiker, lehrte 2004 Maschinenbau an der

Universität Bath, als er das Manifest „Wealth without money" (Wohlstand ohne Geld) veröffentlichte. Grundgedanke dieses Aufsatzes ist es, dass Geld an sich keinen Wert habe und nur ein Mittel zum Zweck sei. Geld ermögliche jedem, der darüber verfüge, das zu erwerben, was andere produziert haben. Wenn nun jeder Einzelne Zugang zu einem Drucker wie dem RepRap hätte, könnte er das, was er braucht, selbst herstellen. So würde Geld überflüssig. Wohlstand – in dem Sinne, dass alles, was der Einzelne zu einem Leben benötigt, ihm zur Verfügung stünde – wäre sogar für diejenigen erreichbar, die gar kein Geld besäßen. Ziel wäre es, die Menschen von der Industrie unabhängig zu machen. Weil sie all das, was gegenwärtig noch aus den großen Fabriken kommt, selbst herstellen könnten.

Wichtig war es deshalb, nicht nur Open Source zu bieten, sondern auch die Kosten für das Verbrauchsmaterial für den RepRap-3D-Drucker so gering wie möglich zu halten, damit er einer großen Menge an Nutzern verfügbar würde. Die Bauteile aus Kunststoff kann ein RepRap-Drucker für seinen Nachfolger-RepRap selbst ausdrucken, die restlichen Teile zum Bau des 3D-Druckers sind in Bau- und Elektronikmärkten zu einem recht kleinen Preis erhältlich.

Der RepRap ist sicher einer der bekanntesten Selbstbaudrucker, und die Idee des Wohlstands ohne Geld, einhergehend mit der Demokratisierung der Produktion, die Bowyer zu seiner Schöpfung des Druckers im Kopf hatte, ist zweifellos revolutionär. Mittlerweile gibt es zahlreiche Nachbauten und Weiterentwicklungen des RepRap, und nahezu wöchentlich kommen neue Erweiterungen von 3D-Druckern zum Selbstbauen dazu. Zum Teil werden komplette Bausätze, teilweise auch bereits fertig montierte einfache 3D-Drucker verkauft – für alle, die ihren

Selbstbaudrucker nicht selbst zusammenbauen möchten. Zudem gibt es mehr und mehr, ebenfalls preisgünstiger werdende 3D-Drucker aus der Industrie, die als Desktop-Drucker leise, sauber und unauffällig auf jedem größeren

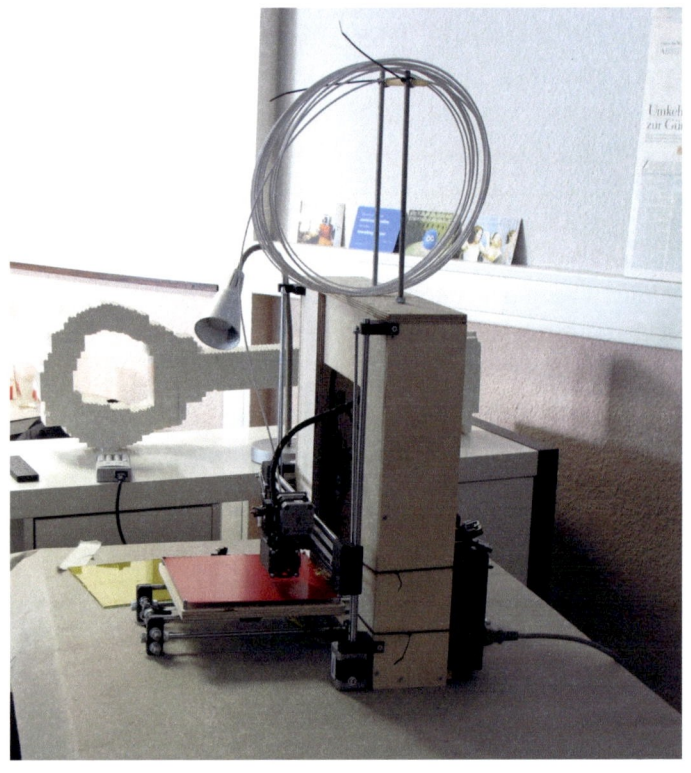

Abbildung 6: RepRap-3D-Drucker, Modell Prusa I3, Quelle: Fasterpoly

Schreibtisch Platz finden könnten. Dass gerade auch in Deutschland 3D-Druck als Zukunftstechnologie verstanden und deshalb immer mehr seinen Weg in die Universitäten und schon vorher in die Schulen finden muss, ist zumindest in der Theorie überall angekommen. In der Praxis veranlasst es zunehmend die professionellen Hersteller der Maschinen, einige ihrer 3D-Drucker preiswert

38

und einfach als Gesamtpakete, die in einem definierten Rahmen sowohl Wartung als auch Material einschließen, für den Bildungsbereich anzubieten. Auf Abbildung 6 ist der RepRap-3D-Drucker (Modell Prusa I3) zu sehen.

Es liegt mir sehr daran, einen 3D-Drucker vorzustellen, der seine Bauteile mit Papier druckt. Makers sind oft daran interessiert, nachhaltig und umweltfreundlich zu arbeiten. Welches Material wäre da günstiger und leichter zu recyceln als Papier? Das 2005 gegründete irische Unternehmen Mcor Technologies produziert 3D-Drucker, die in sehr hoher Qualität mit Papier – Schicht für Schicht – drucken. Dazu zieht der 3D-Drucker ein Blatt nach dem anderen ein und verklebt es mit der Schicht darunter. Die Form des Modells wird mit einem im Drucker integrierten Messer entsprechend den Vorgaben ausgeschnitten. Das Ziel des Unternehmens Mcor Technologies war von Anfang an, es jedem zu ermöglichen, sowohl preisgünstige als auch umweltfreundliche Bauteile herzustellen. Das auf der EuroMold-Messe in Frankfurt Ende 2012 vorgestellte neueste 3D-Drucker-Modell mit dem Namen Iris färbt die Bauteile sogar zusätzlich in fotorealistischen Farben ein. Jede Seite Papier, die aufgetragen wird, ist an den im 3D-Modell vorgegebenen Schnittkanten beidseitig bedruckt. So umweltfreundlich das Bau-Material ist, so ist der Preis für den 3D-Drucker derzeit vermutlich noch zu hoch, um diesen 3D-Drucker unter Makers in großem Umfang zu verbreiten. Außerdem ist der Drucker nicht als Bausatz oder Open Source verfügbar. Allerdings bietet sich übergangsweise für Macher sicher noch eine Alternative an: Bei einem 3D-Druck-Dienstleister in Papier die eigenen Modelle auf dem 3D-Drucker Iris drucken zu lassen – zum Beispiel bei Staples. Das US-amerikanische Unternehmen Staples mit Sitz in Framingham, Massachusetts, vertreibt Bürobedarf. Ab dem ersten Quartal 2013 möchte

Staples seinen Kunden 3D-Druck-Dienstleistungen, die mit dem Papier-Drucker Iris des Unternehmens Mcor Technologies hergestellt werden, anbieten. Über eine On-

Abbildung 7: Ein in Bunt gedruckter Papierschädel, Quelle: Mcor-Technologies

line-Plattform mit dem Namen „Staples Easy 3D", die zunächst in den Niederlanden und Belgien und kurz darauf auch in weiteren Ländern verfügbar sein soll, sollen die Bestellungen entgegengenommen werden.

Neben der hohen Qualität der gedruckten Modelle auf dem 3D-Drucker von Mcor Technologies überzeugt insbesondere das Bau-Material Papier. Denn wenn der Prototyp ausgedient hat, muss sich niemand mehr Gedanken über die umweltfreundliche Entsorgung des Bauteils machen. Es kann ganz einfach zum Recyceln in den Altpapiercontainer geworfen werden. In Abbildung 7 beweist

40

der bunte Schädel, wie hoch die Qualität eines aus Papier gedruckten 3D-Objekts sein kann.

Crowdfunding

Die preisgünstigen oder sogar Open-Source-3D-Drucker werden nicht nur zunehmend besser und billiger. Zusätzlich wird die Auswahl an ihnen nahezu monatlich größer. Selbst beim Bauen und Weiterentwickeln von 3D-Druckern gibt es eine Maker-Bewegung: Tüftlern, Erfindern und Entwicklern fallen ständig neue Verbesserungen für die Maschinen ein. Oft ist für den Bau von Prototypen Geld nötig. Eigenes Kapital ist für diese innovativen Ideen längst nicht mehr zwingend erforderlich. Crowdfunding – oder auch Schwarmfinanzierung – bietet jenen mit guten Ideen und wenig Eigenkapital die Möglichkeit, sich über das Internet ihr Projekt finanzieren zu lassen.

In seinem Buch „Makers" schreibt Chris Anderson: „Crowdfunding ist das Wagniskapital des Maker Movement" (Seite 173).

Der Ablauf des Crowdfunding lässt sich schnell erklären: Zunächst findet eine so genannte Aktion statt, indem das zu finanzierende Projekt auf einer Crowdfunding-Plattform bekannt gemacht – sozusagen ausgeschrieben – wird und Internet-User aufgerufen werden, das Projekt oder die Geschäftsidee finanziell zu unterstützen. Bevor die Aktion tatsächlich starten kann, muss eine Mindestmenge an Kapital durch die anonymen Crowdfunder fremdfinanziert sein. Diese zu erreichende Summe muss von demjenigen, der die Unterstützung für sein Projekt in Anspruch nehmen möchte, im Voraus festgelegt und in einem vorgegebenen Zeitraum von den Crowdfundern zusammengetragen werden. Zum Beispiel könnte es sein, dass ich für mein Projekt als Mindestsumme 5.000 EUR festlege, auf dass damit begonnen werden kann. Diese 5.000 EUR müssen von dem Zeitpunkt, an welchem ich die Aktion gestartet habe, beispielsweise im Zeitraum von 30 Tagen, zusammenkommen. Es empfiehlt sich deshalb, für das Projekt ordentlich zu werben. Denn: Erreiche ich das selbst gesteckte Ziel innerhalb von 30 Tagen nicht, erhalte ich auch die Beträge nicht, die meine potenziellen Unterstützer zu zahlen bereit waren. Die Handhabung der finanziellen Abwicklung kann von Plattform zu Plattform variieren. Es gibt Plattformen, die das Geld sofort von der Kreditkarte des Unterstützers einziehen, und es gibt Plattformen, die das erst tun, wenn das Ziel – in meinem Fall die Mindestsumme von 5.000 EUR – erreicht ist. Wird das Geld vorher eingezogen und das Ziel nicht erreicht, erhält der Crowdfunder es in jedem Fall zurück.

Erreiche ich jedoch das Ziel – oder sogar noch mehr, was auch häufig bei Crowdfunding der Fall ist – kann ich mit meinem Projekt beginnen.

Was sind die Gründe dafür, was ist der Nutzen, der den Spendern durch ihre Beteiligung am Crowdfunding erwächst? Viele der durch Crowdfunding finanzierten Projekte haben einen gesellschaftlich wertvollen oder künstlerisch anspruchsvollen Charakter, so dass diese Art von Gemeinnützigkeit oder Kunstförderung Spender zum Geben überzeugt, selbst wenn sie aus dem abgeschlossenen Projekt keinen finanziellen, sondern nur einen ideellen Nutzen ziehen. Oft aber gibt es für die Spende des Crowdfunders Gegenleistungen in unterschiedlichster Form – wie zum Beispiel die Beteiligung an Rechten für ein Produkt oder auch Geld- oder Sachleistungen.

Manche Projekte sind aus Sicht der Spender förderungswürdige Erfindungen und Entwicklungen, die sie selbst gern verwirklicht sähen. Gelegentlich – gerade bei für sie interessanten Produkten – beteiligen sich Crowdfunder mit sehr hohen Beträgen, die manchmal zugleich als Vorbestellung für das fertig entwickelte Produkt gelten.

Insgesamt gesehen, handelt die Crowdfunding Community (anders als die Crowdinvesting Community, auf die hier nicht näher eingegangen wird) tendenziell eher altruistisch und vor allem idealistisch. Denn eines steht fest: Für den Crowdfunder ist sein finanzielles Engagement nicht ganz risikolos. Ist das Geld für die erfolgreiche Aktion erst gesammelt, hat der Crowdfunder keine Sicherheit, dass das Projekt, in welches er investiert hat, in irgendeiner Weise zeitnah oder überhaupt verwirklicht wird oder den erhofften Anforderungen an die Qualität entspricht. Einen Rechtsanspruch darauf oder eine Geld-zurück-Garantie gibt es derzeit nicht.

In Deutschland gibt es Crowdfunding noch nicht so lange wie in den USA, wo Crowdfunding seinen Ursprung hat. Nachdem Ende 2010 in Deutschland langsam mit erstem Crowdfunding begonnen wurde, wurden nach und nach mehrere Plattformen ins Leben gerufen. Ende 2012 habe ich in Deutschland vier große Crowdfunding-Plattformen gefunden: inkubato, pling, VisionBakery und Startnext. Bisher liegt bei den deutschen Plattformen der Schwerpunkt auf kreativen und künstlerischen Projekten. Es nehmen aber auch technische Crowdfunding-Projekte zu – beispielsweise für den Do-it-yourself-Bau des Open-Source-Laser-Cutters LASERSAUR. Dieses Projekt wurde Ende 2012 auf der Crowdfunding-Plattform Startnext vom Werk.Stadt.Laden in Dresden vorgestellt.

Als regionale Plattformen entstehen zusätzlich zu den oben genannten deutschlandweiten Crowdfunding-

Plattformen zunehmend regionale Crowdfunding-Initiativen. So zum Beispiel Crowd Berlin oder Durchstarter in Dresden. Ziel dieser Plattformen ist es, lokalen Start-ups die Möglichkeit zur Unterstützung zu bieten. Aus diesem Grund liegt der Schwerpunkt bei diesen regionalen Plattformen auf Projekten in der entsprechenden Stadt oder deren Umgebung.

Eine spezielle Crowdfunding-Plattform für Elektronik-Tüftler wurde Ende 2012 von Karel Bruneel und Benjamin Schrauwen aus Gent, Belgien, ins Leben gerufen. Auf der Webseite circuits.io sollen mittels Crowdfunding die Projekte und Unternehmensideen von Hardware-Tüftlern finanziert werden. Nutzer von circuits.io können mit ihren Web-Browsern selbst Schaltungen herstellen, im Anschluss daran diese als Prototypen beauftragen – und sich die fertige Schaltung durch Crowdfunding finanzieren lassen.

Sowohl Schaltplan als auch Leiterplatte sind frei einsehbar, weil alles, was an Schaltungen auf der Webseite erstellt worden ist, Open Hardware ist – und so von Nutzern weiterverwertet und auch umgebaut werden kann.

Das erste Crowdfunding-Projekt auf circuits.io ist ein Raspberry Pi Robot Shield, welches zwei Motoren und zwei RC-Servos, Aktuatoren aus dem Modellbau, ansteuern und bis zu vier analoge Sensoren auslesen kann.

Das Projekt läuft bis Ende Januar 2013, so dass dieses Buch in den Druck geht, bevor mir das Ergebnis dieser Crowdfunding-Aktion bekannt wird.

Zahlreiche Beispiele belegen, dass Crowdfunding funktioniert. Einige Entwicklungen von 3D-Druckern sind in den USA auf diese Art bereits umgesetzt worden und weiterhin gibt es auf Crowdfunding-Plattformen – wie zum Beispiel der 2009 in den USA gegründeten Plattform Kickstarter – Aufrufe dazu, sich an der Unterstützung von 3D-Drucker-Projekten zu beteiligen. Nicht zuletzt: Ebenso wie bei Open-Source-Projekten, die erfolgreich zum Abschluss gebracht werden, können sich die Initiatoren erfolgreich finanzierter Crowdfunding-Projekte die Kosten für die Marktforschung sparen. Allein die Unterstützung und das Vertrauen – sogar Vorschussvertrauen –, das sie durch die Crowdfunder erfahren, beweist, dass ein Markt für das Produkt vorhanden ist. Glückt eine Finanzierung für ein Produkt mittels Crowdfunding nicht, sollten die Initiatoren noch einmal gründlich überlegen, ob sie für das fertige Produkt überhaupt einen Markt fänden. Soziale Netzwerke wie Facebook oder Twitter sorgen noch bevor das Produkt auf den Markt kommt für Öffentlichkeit und kostenloses Marketing.

Insbesondere Open-Source-3D-Drucker-Projekten gelingt immer wieder die Finanzierung über Crowdfunding. Schon in meinem Buch über 3D-Druck/Rapid Prototyping habe ich über den Printrbot-3D-Drucker berichtet, für welchen der Unterstützungsaufruf auf Kickstarter Ende 2011 innerhalb von nur zwei Tagen dem US-amerikanischen Entwickler Brook Drumm die Grundfinanzierung des Projekts sicherte. Als der 3D-Drucker Printrbot im Februar 2012 auch für User zur Eigenproduktion fertig war, stellte Brook Drumm ihn als Open Hardware auf Thingiverse, der Plattform des 3D-Drucker-Herstellers MakerBot, ein.

Im November 2012 wurde übrigens schon Printrbot Jr. bei Kickstarter vorgestellt. Der Junior soll ganz leicht sein und zusammengelegt in einen Rucksack passen. So ist er mobil, kann auf Reisen gehen und überall arbeiten. Printrbot Jr. ist dafür konzipiert, dass er auch in Schulen zum Einsatz kommt. Er kommt als Bausatz und arbeitet nicht mit ABS, sondern mit bei geringerer Schmelztemperatur biologisch abbaubarem PLA. Anders als der „erwachsene" Printrbot verfügt er nicht über eine Plattform, die heiß wird. Das und außerdem die Tatsache, dass er ungiftiges Bau-Material verarbeitet, macht ihn für Schüler geeignet. Unterstützer des neuen Crowdfunding-Projekts von Brook Drumm bei Kickstarter bekommen Gelegenheit, gleich zweifach Gutes tun: Zum einen können sie den Bau des 3D-Druckers Printrbot Junior dadurch unterstützen, dass sie für rund 375 USD eine der Maschinen vorbestellen. Zum anderen schlägt Brook Drumm auf der Webseite von Kickstarter vor, dass Crowdfunder die doppelte Menge Geld spenden und damit direkt eine Schule unterstützen, die den für die Gesamtsumme gekauften zweiten Printrbot Jr. bekommt. Drumm, der selbst drei Kinder hat, schreibt in seinem Aufruf zur 3D-Drucker-Spende an Schulen: „Baut euch einen selbst und spendet den zweiten einer örtlichen Schule. Zusammen könnt ihr den Anfang dazu machen, eine Gemeinschaft von 3D-Druck-Enthusiasten anwachsen zu lassen und dabei helfen, Schüler in diese schöne neue Welt von Machern und dezentralisierter Herstellung zu führen."

Übrigens ist Kickstarter sicherlich nicht die einzige Crowdfunding-Plattform in den USA, wenn jedoch zum Zeitpunkt, zu welchem ich dieses Buch schreibe, vermutlich die bekannteste. Um ein Projekt über die Crowdfunding-Plattformen finanzieren zu lassen, müssen stets einige, von den Betreibern der Plattformen selbst festgelegte, Kriterien erfüllt werden. Wer sein Projekt bei Kickstarter nicht einstellen kann, weil es in irgendeiner Weise vielleicht nicht den Richtlinien entspricht, hat immer noch Gelegenheit, es mit möglicherweise gutem Erfolg bei Indiegogo oder einer anderen Plattform, vielleicht der Plattform Selfstarter (hört sich ähnlich an wie Kickstarter, aber die gibt es wirklich) zu versuchen. Oder es von vornherein bei Indiegogo auszuprobieren. Indiegogo hat seine Basis derzeit – wie Kickstarter – in den USA, kündigt jedoch auf seiner Webseite im Dezember 2012 eine geplante internationale Ausweitung für das Jahr 2013 an. Mit lokalen Versionen möchte Indiegogo Nutzern in Großbritannien, Kanada, Frankreich und Deutschland den Zugang zu lokalen Kampagnen in den jeweiligen Ländern erleichtern.

Ein Crowdfunding-Präzedenzfall auf Kickstarter

Im Oktober 2012 berichtet Zeit Online über das Maker Movement mit der beeindruckenden Überschrift: „Maker-Bewegung: Neuer 3D-Drucker sammelt 1,3 Millionen bei Kickstarter". Wiederum gibt es ein Maker-Projekt auf der Crowdfunding-Plattform Kickstarter, mit dem drei Ex-MIT (Massachusetts Institute of Technology)-Studenten die ersten Serienmaschinen ihrer Stereolithographie-3D-Drucker für das Home Office mit Hilfe von Crowdfunding finanzieren konnten.

Dazu schreibt Zeit Online: „Die Erbauer des Form 1 genannten Druckers wollten dort bis zum 26. Oktober 100.000 Dollar sammeln, um für ihr bereits fertiges Gerät eine Serienproduktion aufbauen zu können. Bereits jetzt haben sie nahezu 1,3 Millionen Dollar bekommen. Die meisten der Förderer waren offenbar so begeistert von dem Projekt, dass sie gleich 2.300 bis 3.000 Dollar spendeten und sich so eine Option auf eines der Geräte sicherten. Die sollen zwischen Januar und März kommenden Jahres ausgeliefert werden, wie die Erfinder von Formlabs versprechen."

Ziel der drei Unternehmer Maxim Lobovsky, David Cranor und Natan Linder ist es, mit ihrer im September

2011 gegründeten Firma Formlabs den 3D-Drucker mit dem Namen Form 1 zu produzieren und zu einem für semiprofessionelle Anwender bezahlbaren Preis anzubieten. Im November 2012 heißt es auf der Webseite des Unternehmens, dass es rund 30.000 professionelle 3D-Drucker weltweit gebe – demgegenüber jedoch rund 10 Millionen Anwender von CAD-Software. Dieses Missverhältnis ausgleichen zu helfen sei ein Ziel von Formlabs.

Die Modelle des mit Kunstharz arbeitenden 3D-Druckers Form 1 haben eine höhere Auflösung als die 3D-Drucker in ähnlichen Preisklassen und könnten in der Maker Community dem RepRap und dem MakerBot, die mit dem einfacheren FDM-Verfahren arbeiten, Konkurrenz machen.

Im November 2012 haben die Entwickler des Stereolitographie-3D-Druckers Form 1 mit einem Crowdfunding von knapp unter 3 Millionen USD auf der Plattform Kickstarter mit der Unterstützung für ihr Vorhaben einen neuen Rekord aufgestellt. Nie zuvor wurde ein Projekt auf Kickstarter mit einer solch hohen Summe gefördert. Wie immer aber liegen Glück und Unglück wie auch Erfolg und Misserfolg nahe beieinander: Das US-amerikanische Unternehmen 3D Systems, einer der großen Hersteller von professionellen, kommerziellen 3D-Druck-Anlagen, sieht durch den Form 1 eines seiner Patente zur Stereolithographie verletzt. Deshalb klagt 3D Systems sowohl gegen die Hersteller des 3D-Druckers Form 1 als auch gegen die Crowdfunding-Plattform Kickstarter.

Ganz wie der MakerBot war auch der Form 1 um Patente herum entwickelt worden, von denen vermutet wurde, dass sie bereits ausgelaufen seien. Im Ergebnis kann jedoch der Form 1 Bauteile herstellen, welche eine mit auf professionellen 3D-Druck-Anlagen gedruckten Objekten vergleichbare Qualität bieten. Nur können diese kommerziellen 3D-Drucker gut das Zehnfache des Preises kosten, zu welchem der Form 1 angeboten wird. Damit kann er für etablierte große Hersteller professioneller 3D-Drucker zum Ärgernis werden, die durch ein so viel günstigeres Konkurrenzprodukt mit starken Umsatzverlusten rechnen müssten. Laut 3D Systems handelt es bei dem Patent, um das gestritten wird, um das US-Patent mit der Nummer 5.597.520, das 3D Systems registriert hat.

Ungeachtet all dessen, scheint Formlabs unbeeindruckt und bietet weiterhin den Form 1 im Vorverkauf an. In einer Meldung auf der eigenen Internetseite im Dezember 2012 erklärt Formlabs, dass das Unternehmen mit den Crowdfunding-Mitteln unter anderem weitere Mitarbeiter eingestellt habe.

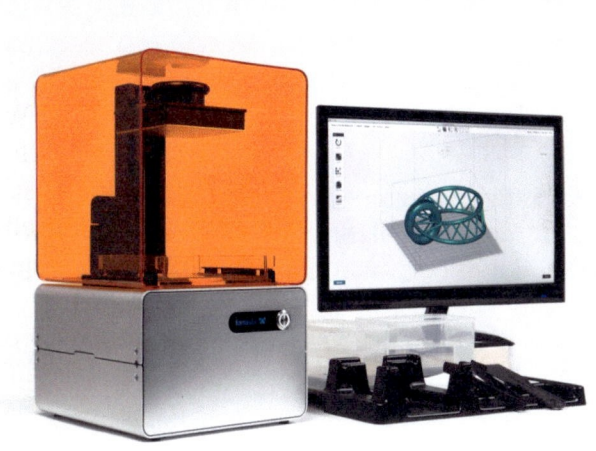

Abbildung 8: Der Form-1-Stereolithographie-Drucker, Quelle: Formlabs

Es ist weder erstaunlich noch selten, dass ein Unternehmen ein anderes wegen einer Patentverletzung verklagt. Ein für die Maker Community bedeutender Präzedenzfall könnte aber dadurch geschaffen werden, dass in dem Zusammenhang gleichfalls die Crowdfunding-Plattform Kickstarter verklagt wird. Grund ist dabei mut-

Abbildung 9: Mit dem Form 1 gedruckte Objekte (Vogelkäfig-Ohrringe), Quelle: Formlabs

maßlich Kickstarters unterstützende Rolle beim Rekord-„Vorverkauf" des Form-1-Stereolithographie-Druckers – immerhin erhält die Crowdfunding-Plattform von dem Funding einen Anteil von fünf Prozent. Ein für Kickstarter negativ ausgehender Prozess könnte jedoch für das Crowdfunding von Hardware-Projekten weit reichende Folgen haben. Hier geraten Makers und Industrie im 3D-Druck-Bereich zum ersten Mal hart aneinander. Wahrscheinlich nicht zum letzten Mal. Abbildung 8 zeigt den auf Kickstarter so erfolgreichen 3D-Drucker Form 1, Abbildung 9 einige Objekte, die mit ihm produziert wurden.

Abbildung 10: Anatomica di Revolutis, Quelle: Joshua Harker

Von der Maker Community erhält die verklagte, längst über die Grenzen der USA hinaus genutzte Crowd-funding-Plattform Kickstarter, Unterstützung. Der US-amerikanische Künstler Joshua Harker, für seine „Anato-mica di Revolutis"-Kreationen bekannt, beschließt Ende November wegen der Klage des 3D-Drucker-Herstellers 3D Systems gegen Kickstarter, den Hersteller 3D Systems aus seiner Video-Präsentation zu entfernen. Dies sorgt für große Öffentlichkeit: Obwohl Harker von keiner Seite vereinnahmt werden und neutral bleiben möchte, erzeugt sein Entschluss, in seiner Präsentation auf 3D Systems zu verzichten, den Eindruck, er mache sich für Kickstarter stark. Ziel von Harker ist es jedoch, die Gemeinschaft der Makers weiter zu fördern. Für seine eigenen Projekte findet er überwältigende finanzielle Unterstützung – und mit dem Crowdfunding werden zahlreiche Kunstprojekte aus „Anatomica di Revolutis" vorbestellt. Bei „Anatomica di Revolutis" wird ein Totenkopf dargestellt, an dem eine Hängekette mit provokativen Metaphern befestigt ist, von denen Harker erklärt, dass diese die 3D-Druck-Revolution symbolisieren, siehe Abbildung 10.

Joshua Harker gilt als künstlerischer Visionär und als einer der anerkanntesten und erfolgreichsten Künstler der 3D-Druck-Bewegung. Er ist für seine technischen Errungenschaften bekannt und dafür, dass er Formen schafft, die zuvor als nicht herstellbar galten. Gleichzeitig nutzt der Künstler sein Werk, um ein Konzept des sozialen Wandels zu präsentieren, der sich durch das Zusammenfließen sozialer Medien, des Internets, digitales Modellieren, 3D-Druck sowie das Crowdfunding-Phänomen ergeben. Hier gilt Joshua Harker als Pionier – und eine frühere Kampagne von ihm mit dem Namen „Crania Anatomica Filigre: Me to You" aus dem Jahr 2011 zählt zu den am großzügigsten unterstützten Crowdfunding-Kunstprojekten in der Geschichte von Kickstarter. Bei „Crania Anatomica Filigre" handelt es sich um ein 3D-Skulptur-Projekt – einen mit zahlreichen Ornamenten versehenen 3D-gedruckten Totenkopf (Abbildung 11).

In einer Pressemitteilung vom 28. November 2012 wird über Joshua Harkers Präsentation geschrieben: „Ihr

Abbildung 11: Crania Anatomica Filigre, Quelle: Joshua Harker

(Anmerkung der Autorin: gemeint sind die zahlreichen Unterstützer, zu welchen unter anderem größere Spieler aus der 3D-Druck-Industrie – sowohl Hersteller von 3D-Druckern als auch 3D-Druck-Dienstleister – gehören) individuell vorgetragener ‚Macht mit bei der Revolution'-Chor schließt Harkers Video-Präsentation und ist ein

Echo der Inspiration für sein neuestes Projekt ... die dritte industrielle Revolution. Weitere Unterstützer schließen weltbekannte Designer, Kunstförderer und Software-Titanen aus der Industrie ein."

Zur dritten industriellen Revolution meint Joshua Harker in der veröffentlichten Presseerklärung: „Wenngleich diese Revolution auch Unruhe stiftend ist, geht es hier nicht um Molotow-Cocktails und spezielle Begrüßungen (Anmerkung der Autorin: Im Original heißt es ‚secret handshakes' – damit sind Begrüßungen gemeint, mit denen spezielle Gruppen untereinander sich begegnen, um damit ihre Zugehörigkeit oder Loyalität zu ihrer Gruppe, Partei o.Ä. zu zeigen). Diese Revolution ist gewaltlos und steht unmittelbar bevor. Sie wird die Art und Weise, wie wir gesellschaftlich, wirtschaftlich und demokratisch funktionieren von Grund auf verändern."

Alles in allem: Wegen der Klage gegen Kickstarter aus der Präsentation eines Künstlers mit großer Öffentlichkeit entfernt zu werden, ist sicher für 3D Systems ein sehr negatives Marketing. Vor allem dann, wenn viele Teilnehmer des 3D-Druck-Marktes den Künstler und seine Präsentation unterstützen. Selbst wenn es gar nicht die Absicht des Künstlers war, die eine oder andere Seite einzunehmen, ging doch die Nachricht dazu, dass 3D Systems aus seiner Präsentation entfernt wurde, in der internationalen 3D-Druck-Welt um. Auch das Makezine, das Magazin für Makers, berichtete darüber.

Wird 3D-Druck den Welthandel verändern?

Der Zukunftsforscher Robert Gaßner vom Berliner Institut für Zukunftsstudien und Technologiebewertung (IZT) ist sogar der Ansicht, dass 3D-Druck den Welthandel verändern könnte. Dadurch, dass Konsumenten Produkte mittels 3D-Druck selbst herstellen, sei es möglich, dass zukünftig Produktionsprozesse in die jeweiligen eigenen Länder zurückkehren und sich eine Ent-Globalisierung entwickle. Gaßner erwähnt dabei den Begriff „Prosument", der sich aus „Produzent" und „Konsument" zusammensetzt und den es in vielen Bereichen – wie zum Beispiel Wikipedia, wo jeder eigene Artikel schreiben und einstellen kann – längst gebe. Im Bereich 3D-Druck könnte langfristig der Prosument zur Ent-Globalisierung beitragen.

Ein weiterer Faktor, der die Ent-Globalisierung beschleunigen könnte, könnten die ständig steigenden Transportkosten sein. Da für 3D-Drucker nur ein meist ungeformtes Bau-Material als Rohstoff – in der Regel ein Pulver, eine Flüssigkeit oder ein Kunststoffdraht – transportiert werden muss, ist nur wenig Verpackung notwendig, und es entsteht kein überflüssiges Volumen.

Im Wirtschaftsteil der Wochenzeitung „DIE ZEIT" schreibt Götz Hamann im Oktober 2012 im Artikel *Der Alles-Drucker: Wie die neue Technik die Gesetze der Globalisierung verändert*: „Die Prognose lautet: Wirtschaftskreisläufe werden wieder ein Stück regionaler. Unternehmen stellen mehr Teile selbst her. Je kleiner die Stückzahl, je spezieller das Design – umso eher wird sich ein 3D-Drucker durchsetzen." Zurzeit ist 3D-Druck jedoch noch nicht für die Massenproduktion geeignet.

Nachhaltigkeit und Carbon Footprint

Nicht zuletzt im Rahmen der Nachhaltigkeit sind in den vergangenen Jahren immer wieder die Stichworte „carbon footprint" (auf Deutsch übersetzt: die CO_2-Bilanz oder auch die Öko-Bilanz) oder auch „food miles" gefallen. Der Begriff „food miles" ist möglicherweise bekannt: Gemeint ist damit, dass zum Beispiel eine Ananas, die für den Verzehr in Deutschland eingeflogen wird, einen sehr langen Weg zurücklegt. Überhaupt nicht zu vernachlässigen sind außerdem die „manufacturing miles", die für alles, was hergestellt wird und anschließend rund um die Welt transportiert werden muss, anfallen. Durch die Produktion mit leichten 3D-Druck-Materialien werden nicht nur die Transportkosten reduziert. Neben dem wirtschaftlichen Faktor entsteht ein Nachhaltigkeitsfakor – dadurch dass sich die „manufacturing miles" verringern.

In London, Großbritannien, fand vom 19. bis 21. Oktober 2012 zum ersten Mal die Messe „3D Print Show" statt. Es stellten nicht nur zahlreiche Künstler ihre mittels 3D-Druck geschaffenen Kunstwerke aus, sondern ebenso wurden Seminare, Workshops und runde Tische zu 3D-Druck angeboten. Selbstverständlich waren auch die großen Hersteller von 3D-Druckern sowie 3D-Druck-Dienstleister beteiligt.

Das 3D-Druck-Beratungsunternehmen Econolyst mit Sitz in Großbritannien stellte dort zwei hoch interessante Cloud-basierte Software-Tools vor, mit welchen Nutzer von 3D-Druck den Einfluss, den ihre 3D-gedruckten Objekte auf die Umwelt haben, ermitteln können.

Die erste Anwendung dazu wurde unter der Marke Willit-3D-Print vorgestellt (www.willit3dprint.com). Noch während der Konstruktionsphase ermöglicht Willit seinen Nutzern, nicht nur die Kosten, sondern ebenso die Qualität und den „carbon footprint" der zu druckenden Modelle zu ermitteln. Da Willit Cloud-basiert ist, sind weder Software-Downloads noch Plug-ins im Browser erforderlich. Auf die Web-App Willit lässt sich mit Google

Chrome, Firefox, Opera und Safari sowohl auf dem Desktop als auch mit Hand-held Devices zugreifen. Willit ist kostenlos und richtet sich eindeutig an die Maker-Gemeinschaft.

Die von Econolyst auf den Markt gebrachte Cloud-basierte App namens Enlighten Sustainability Toolkit (www.enlighten-toolkit.com) wurde für professionelle Konstrukteure entwickelt, die mehr über die Öko-Bilanz beim 3D-Drucken herausfinden möchten. Enlighten ist unter anderem ein Ergebnis der Zusammenarbeit mit Unternehmen, die 3D-Druck nutzen – wie zum Beispiel Boeing und Virgin Atlantic. Die Software ermöglicht es Konstrukteuren, virtuelle Lieferketten herzustellen, um damit 3D-Druck-Verfahren mit traditionelleren Herstellungsmethoden wie beispielsweise Kunststoff-Spritzguss, Metallguss oder zerspanenden Verfahren zu vergleichen.

Teil der industriellen Revolution: Die Produktion langfristig in die eigenen Länder zurückholen – Beispiel USA

Verlorene Industrie-Arbeitsplätze durch neue in der Hochtechnologie ersetzen

Die USA waren mehr als hundert Jahre lang einer der größten Produzenten der Welt. Es wird, trotzdem die Löhne auch in China steigen, immer wieder befürchtet, China könne den USA als größter Produzent der Welt den Rang ablaufen. Im April 2012 berichtet der „Economist", dass in dem Jahrzehnt bis 2010 die Anzahl von Arbeitsplätzen in der Produktion in den USA um ein Drittel zurückgegangen sei. Zwar mache die Produktion nur rund 11 Prozent des US-amerikanischen Bruttoinlandsprodukts aus, die produzierenden Unternehmen zeichneten dafür aber verantwortlich für 68 Prozent der Inlandsausgaben für Forschung und Entwicklung – schreibt der „Economist", sich berufend auf einen Bericht von Susan Helper von der Case Western Reserve University, Cleveland, für die Brookings Institution. In der Produktion gebe es in der Regel besser bezahlte Arbeit als zum Beispiel im Dienstleistungssektor. Gleichzeitig sei die Produktion eine Quelle für Innovation, unterstütze dabei, Handelsdefizite zu verringern – und schaffe neue Möglichkeiten in der ständig wachsenden „sauberen" Wirtschaft, seien dies Recycling oder „grüne Energie".

Es ist sehr wahrscheinlich, dass in vielen Ländern längst verlorene Industrie-Arbeitsplätze durch neue in der Hochtechnologie ersetzt werden können: So könnte 3D-Druck neue Arbeitsplätze schaffen und die in Billiglohnländer ausgelagerte Produktion wieder zurückholen. Während die Anzahl von Arbeitskräften, die direkt mit der Produktion beschäftigt ist, abnimmt, werden auch die Lohnkosten als Teil der Gesamtkosten der Hersteller geringer werden. Das könnte viele Hersteller dazu bewegen, einen Teil der Arbeitsplätze wieder in ihre „reichen" Länder zurückzuholen, weil die Produktion auf Grund der neuen Fertigungstechnik nicht nur preiswerter würde, sondern es sich mit der neuen Technik außerdem sehr schnell auf sich verändernde Marktbedürfnisse, Vorlieben und Geschmäcker reagieren lässt. Unternehmen könnten wieder dort herstellen, wo sie möchten oder wo sie ihren Standort haben. Dadurch würden fehlerträchtige Abstimmungsprozesse in weit entfernten Herstellungsländern verringert. Überall herzustellen wird dadurch möglich, dass die Konstruktionspläne digital sind und die Werkzeugkosten für einen neuen Produktionsbetrieb verhältnismäßig gering. Roboter oder Maschinen für die Produktion können überall erworben werden und verursachen überall nahezu gleiche Stückkosten. Wegen der Automatisierung werden die Lohnkosten nur noch einen stets geringer werdenden Anteil an den Gesamtkosten in der Herstellung ausmachen. Dafür werden eingesparte Transportkosten und kürzere Lieferzeiten an Bedeutung gewinnen – wenn am eigenen Standort oder in der Nähe des eigenen Standorts produziert wird. Aus diesen Gründen sind viele Unternehmen mit Blick auf ein mögliches Wiederaufleben, gar eine Revolution in der Herstellung – verbunden mit Hochtechnologie – optimistisch.

Und China? Auch in China wird massiv in den Bereich Additive Manufacturing investiert und geforscht. Aber warum sollten die USA, Großbritannien oder Deutschland nicht auch zu Hause produzieren?

Im Oktober 2012 schreibt das deutsche Wochenmagazin FOCUS: „Das Beratungsunternehmen Boston Consulting Group erwartet sogar eine Verlagerung der Wertschöpfung zurück aus den Billiglohnländern in die Industriestaaten. Wenn 3D-Drucker in großem Stil die Arbeit von Billigkräften erledigen, könnten zwischen zehn und 30 Prozent der Produkte, die Amerika heute aus China importiert, wieder im Land hergestellt werden. Amerikas Sozialprodukt könnte auf diese Weise um bis zu 55 Milliarden Dollar steigen.“

Zwei Beispiele dafür, wie das Outsourcing der Produktion rückgängig gemacht werden könnte

Eine Brücke zwischen Design und Herstellung: Maker's Row

Seit Ende 2012 gibt es in den USA das Unternehmen Maker's Row, welches eine Brücke zwischen Design und Herstellung bieten möchte. Macher können jederzeit etwas herstellen und selbst verkaufen – aber finden sie trotz eines guten Produkts immer diejenigen, die ihr Produkt auch in großen Mengen erwerben wollen? Die Webseite von Maker's Row ermöglicht es Machern, mit Schlüsselwörtern nach Firmen oder nach Projekten zu suchen, an welchen die Firmen schon gearbeitet haben.

Ziel des jungen Unternehmens ist es, das Outsourcing von Produktion wieder rückgängig zu machen – dadurch dass es über seine Webseite einer Generation von Machern ermöglicht, in den USA Partner für die Produktion zu finden. Die Webseite ist mit hilfreichen Suchfunktionen ausgestattet, die Makers aktiv nach genau dem Partner forschen lassen, der für sie am geeignetsten ist. Sogar Kurzfilme sind auf der Seite eingestellt, mit denen die Firmen Gelegenheit haben, sich den Machern vorzustellen. „Forget that plane ticket, visit factories right here" (übersetzt: „Vergiss das Flugticket und besuche die Fabriken direkt hier") heißt es dazu.

Eine besonders bedeutende Funktion könnte Maker's Row dadurch bekommen, wenn die großen Summen, die zum Beispiel für Projekte über Crowdfunding-Plattformen wie Kickstarter zusammengekommen sind, wiederum heimischen Herstellern zu Gute kämen, weil in den USA selbst und nicht global produziert würde. So können über die Webseite Makers und heimische Produzenten zusammenfinden. Wenn sich dieses Konzept bewährt und auch in Europa Fuß fasst, könnte es die Umkehr der Globalisierung weiter beschleunigen.

Ein Kickstarter-Projekt: Affectation

Der Trend dazu, die Produktion ins eigene Land zurückzuholen, lässt sich gerade bei Kickstarter-Projekten zunehmend beobachten. Zurzeit findet in den Vereinigten Staaten eine starke Rückbesinnung darauf statt, aber auch in Deutschland wird es diese Umkehr geben: Das Anfang 2012 in Indianapolis, Indiana, gegründete Unternehmen Affectation startete im November desselben Jahres eine Crowdfunding-Kampagne auf Kickstarter. Affectation hat eine Bekleidungskollektion herausgebracht, bei welcher viele Teile miteinander kombinierbar sind. Das Besondere und Außergewöhnliche an den Kleidungsstücken ist, dass sie nicht mit Knöpfen oder Reißverschlüssen, sondern mit Magneten verschlossen werden. Wer diese Kleidung trüge, müsste sich nicht mehr über abgerissene Knöpfe oder klemmende Reißverschlüsse ärgern. Ian Stikeleather, ausgebildeter Designer und Gründer des Unternehmens, erklärt in seinem Unternehmens-Werbevideo, dass er beim Design auch an seine an Arthritis leidende Großmutter gedacht habe. Für diese sei es erheblich leichter und schmerzfreier, mit Magneten schließende Kleidung anzuziehen, als sich mit Reißverschlüssen abzumühen. Die mit Magneten bestückte Garderobe bedürfe keiner anderen Pflege als die mit Reißverschlüssen oder Knöpfen versehene. Die Kleidung könne einschließlich der Magneten in die Waschmaschine und den Trockner gesteckt und anschließend gebügelt werden, ohne dass die Magneten Schaden nähmen. Eine spezielle Beschichtung schütze sie davor, nach dem Waschen ihre Haftung einzubüßen oder Korrosionsschäden zu erleiden. Der Designer Stikeleather erklärt, dass die Magneten stark genug seien, ihren Träger vor unabsichtlichem Verlust der Kleidung zu schützen. Das heißt, die Magneten haften fest genug und können sich nicht von selbst lösen. Ian Stikeleather wirbt auf Kickstarter damit, dass Affectation nur in den USA produzieren wolle – wenn selbst Bekleidung in den Ländern, in denen sie getragen werden soll, auch hergestellt würde, wäre das in der Tat eine ganz immense Veränderung: „Wir können es kaum erwarten, euch alle in unserer Kleidung zu sehen, und arbeiten hart daran, dass es bald so weit ist. Affectation wurde im Mittleren Westen gegründet und weiterentwickelt – und wir möchten die amerikanische Produktion unterstützen. Wenn wir unser Kickstarter-Ziel erreichen, wird uns das ermöglichen, in den USA zu produzieren und die Arbeitsplätze hier zu halten. Dadurch dass wir Muster und die gesamte Herstellung in Chicago haben werden, können wir Kunden schnellen Zugang zu unseren neuesten magnetischen Bekleidungs-Erfindungen verschaffen, auch durch unsere Webseite. Wir möchten euch das bestmögliche Produkt bieten und gleichzeitig dabei helfen, die amerikanische Wirtschaft anzukurbeln!" Das selbst gesteckte Ziel, mittels Crowdfunding innerhalb eines Monats 5.000 USD zu sammeln, hat das Projekt nicht erreicht. „Funding unsuccessful" auf der Kickstarter-Seite scheint zunächst einmal eine vernichtende Aussage. Dafür hat Affectation durch die Kickstarter-Kampagne eine breite Medienöffentlichkeit bekommen, und es würde mich erstaunen, wenn das Projekt nicht längerfristig doch zum Erfolg geführt würde.

„We can't wait"

Im Sommer 2012 wurde von der Obama-Regierung eine Maßnahme bekannt gegeben, mit der Hochtechnologie massiv gefördert werden soll. Mit der Initiative „We can't wait" investiert die US-Regierung 30 Millionen USD in den Aufbau eines nationalen Additive-Manufacturing-Instituts (NAMII: National Additive Manufacturing Innovation Institute) in Youngstown, Ohio, das offiziell im August 2012 gegründet wurde. Damit wollen die USA führend auf dem Gebiet des 3D-Drucks bleiben und die Technologie weiter fördern. Gleichzeitig sollen so neue Arbeitsplätze entstehen und Unternehmen ermutigt werden, in den Vereinigten Staaten zu investieren. Ziel ist es außerdem, mittels 3D-Druck wieder mehr

Produkte mit dem Herkunftsstempel „Made in USA" zu produzieren.

Das NAMII-Institut wird von zahlreichen Universitäten und Non-Profit-Organisationen unterstützt. Von privaten Wirtschaftsunternehmen – unter anderem auch Stratasys und 3D Systems – auch finanziell: Mit zusätzlichen zweistelligen Millionenbeträgen darf für das Projekt kalkuliert werden. Die USA können nur eine starke Wirtschaft schaffen, wenn sie mehr Güter produzieren, die im Rest der Welt auch gekauft werden. Das ist die Basis dafür, dass neue Arbeitsplätze in der Herstellung entstehen. Nicht ohne Grund soll das NAMII gerade in Ohio, das zu dem in den USA als Rust Belt („Rostgürtel") bezeichneten Gebiet entlang der Großen Seen gehört, entstehen. In diesem ältesten Industriegebiet der USA – „Rust Belt" genannt wegen der alten Eisenindustrie – gingen in den 1980er Jahren mit dem Niedergang der Stahlindustrie viele Arbeitsplätze verloren.

Das US-Verteidigungsministerium plant, im NAMII Teile zu fertigen, die mit anderen Verfahren zu teuer zu produzieren wären oder sonst zu hohen Preisen aus dem Ausland eingeführt werden müssten. Zudem soll am NAMII intensiv geforscht und das Institut kleineren Unternehmen für Schulungen zur Verfügung gestellt werden. Das US-amerikanische Energieministerium erwartet bereits im August 2012, dass allein durch das additive Herstellungsverfahren im Vergleich zu gegenwärtigen „subtraktiven" Herstellungsverfahren mehr als 50% Energie eingespart werden könnte. Damit ist Additive Manufacturing eine wahrhaftig nachhaltige Technologie.

Terry Wohlers, prominenter führender Experte im Bereich 3D-Druck/Additive Manufacturing und Gründer des US-amerikanischen Beratungs-Unternehmens Wohlers

Associates, ist Mitglied des Aufsichtsrats (Governance Board) des NAMII.

Investitionen in 3D-Druck in Großbritannien

Wie in den USA, so wird auch von der britischen Regierung in 3D-Druck als Zukunftstechnologie investiert. David Willetts, Staatsminister für Hochschulen und Wissenschaft im Ministerium für Unternehmen, Innovation und Ausbildung, kündigte zu den bereits früher in Additive Manufacturing investierten 20 Millionen £ im Oktober 2012 zusätzliche 7 Millionen £ als Investition in Forschung und Entwicklung auf dem Gebiet des 3D-Drucks an.

Willetts erklärte: „3D-Druck-Technologien bieten ein enormes Potenzial für britische Unternehmen, um erfolgreich im Wettbewerb zu bestehen – indem sie radikal unterschiedliche Herstellungstechniken annehmen, die über eine Vielzahl von globalen Marktsegmenten angewendet werden könnten. Von der Raumfahrt bis hin zu Schmuck."

Jeder Macher kann Unternehmer werden

Vom Erfinder zum Unternehmer ist es mittlerweile nur noch ein kleiner Schritt. Wer ein Start-up gründen will, ist nicht mehr unbedingt von der Großzügigkeit großer Banken oder anderer Geldgeber abhängig, um seine Ideen umsetzen und seine Produkte herstellen zu können. Die Möglichkeit des Crowdfunding als eine Art öffentlicher Sammlung von Geld kann bei der Umsetzung eigener Ideen eine entscheidende Hilfe sein.

Ausgestattet mit früher nicht gegebenen oder unbekannten Möglichkeiten könnten zahlreiche Einzelpersonen mit einem Pool an guten Ideen in der Zukunft etablierten Unternehmen zur ernsthaften Konkurrenz werden. Ein wenig erinnert das an das Handwerk im Mittelalter und den Übergang zur Manufakturfertigung – nur mit dem sehr wesentlichen Unterschied, dass jetzt den Machern theoretisch die ganze Welt als Markt zur Verfügung steht: Jeder kann den Zeitpunkt, zu welchem er sein Produkt auf den Markt bringt, die Qualität sowie den Preis selbst bestimmen. Er muss nur einen Markt dafür finden. Auch das wird durch die Vernetzung im Internet und insbesondere durch soziale Netzwerke immer einfacher. Fast verschwundene Sprachbarrieren erleichtern die Kommunikation. Dadurch wird Open Source, Crowdsourcing, Crowdfunding – eben alles, was zum Machen, Produzieren, Austauschen und Verkaufen nützlich ist – einfacher.

Die Welt ist kleiner geworden und zusammengerückt: Die internationale Sprache des Internets ist Englisch. Das ist so selbstverständlich geworden, dass es kaum mehr überhaupt eine Erwähnung findet. Die meisten Teilnehmer an den Handlungen in der Welt der Makers können Englisch sprechen, schreiben – oder zumindest englisch Geschriebenes verstehen. Auch das wäre für die Generation meiner Großeltern niemals vorstellbar gewesen.

Chris Anderson schreibt in seinem Buch „Makers" (Seite 16): „Die große Chance in der neuen Maker-Bewegung ist die Fähigkeit, gleichzeitig klein und global zu sein. Gleichzeitig Handwerkliches und Innovatives machen. Gleichzeitig Hightech und mit geringen Kosten. Klein anfangen, aber groß werden. Und vor allem: Die Art der Produkte schaffen, welche die Welt will – sie weiß es nur noch nicht. Eben weil diese Produkte sich in die Massenwirtschaft (mass economics) des alten Modells nicht passend irgendwo einordnen lassen."

Verkaufsplattformen für Makers ...

Neben Tauschplattformen für 3D-Druck gibt es auch Online-Plattformen für die unterschiedlichsten Produkte von Makers. Auf diesen Maker-Plattformen kann alles feilgeboten werden. Die größte von ihnen ist derzeit die 2005 in den USA gegründete Plattform Etsy, welche in einem rasanten Tempo wächst und inzwischen auch in Europa immer bekannter wird. Seit 2011 gibt es sogar eine deutsche Version der Seite. Hier wird Handgemachtes, selbst Produziertes verkauft, ebenso jedoch Künstlerbedarf und Vintage-Produkte. Vintage-Produkte sind alte Produkte – um als solche zu gelten, müssen sie bei Etsy mindestens 20 Jahre alt sein. In der Vor-Internet-Ära hat man das als Antiquitäten bezeichnet. Die E-Commerce-Plattform Etsy finanziert sich über eine Einstellgebühr von derzeit 0,20 US-Dollar pro zum Verkauf eingestelltem Produkt sowie über eine Provision von 3,5 Prozent pro abgewickeltem Verkauf. Den Preis, zu welchem er das Produkt verkaufen möchte, legt der Maker selbst fest.

In Deutschland ist die Plattform DaWanda gegenwärtig der größte Konkurrent von Etsy. DaWanda hat seinen Hauptsitz in Berlin und wurde 2006 gegründet.

Das rapide Wachstum dieser neuen E-Commerce-Plattformen für Makers lässt an die schnelle Verbreitung von Ebay in den neunziger Jahren des letzten Jahrhunderts zurückdenken. Der Erfolg, den die Plattformen haben, liegt sicher nicht zuletzt an dem zunehmenden Wunsch der Käufer nach Individuellem.

... oder gleich der eigene Shop

Wer lieber gleich ganz allein verkauft oder beides kombinieren möchte – allein verkaufen und zusätzlich die eigenen Produkte bei einer Maker-Verkaufs-Plattform wie

ALLES FÜR DIE EISENBAHN

STAHLSCHWELLEN-JOCH
Stahlschwellen-15-m-Joch für Schienen-profil Code 55. Länge: 94 mm. Bausatz, unbemalt . Befahrbar mit NEM-Radsätzen mit Spurkranzhöhe von maximal 0,9 mm
Produkt: Stahlschwellen-Joch
Bestellnummer: 0600

TOILETTENHÄUSCHEN MIT INNENEINRICHTUNG UND SCHAMWAND
Bausatz, dreiteilig, in allen Größen herstellbar, in Kürze erhältlich
Produkt: Toilettenhäuschen
Bestellnummer: folgt

ÖLFÄSSER (NUR IM 3-ER-SET)
unbemalt

Produkt: Ölfässer, 3 Stück.,
Maßstab 1:160
Bestellnummer: 0212

NORMGULLY, SCHMAL
Bausatz Gully, Größe 0, zweiteilig, unbemalt.

Produkt: Normgully, schmal
Bestellnummer: 0500

Der Gully passt (Bausatz Gully, Größe 0, zweiteilig, unbemalt, auf diesem Bild zusammengesteckt)

So kann der Gully lackiert und eingebaut aussehen. Auch das Pflaster wurde in 3D gedruckt und anschließend bemalt.

STELLPULT
Nachbildung eines Stellpults für ein elektromechanisches Stellwerk, Bauart E43 mit Leuchtmelderüberwachung. Bausatz, Größe 0, vierteilig

Produkt: Stellpult
Bestellnummer: 0501

PFLASTER
Ebenfalls in 3D gedruckt.

Produkt: Pflaster
Bestellnummer: siehe separaten Prospekt auf www.fasterpoly.de

Das Pflaster lässt sich leicht anmalen und nachbearbeiten.

Abbildung 12: Ein eigener kleiner Maker-Shop, Quelle: Fasterpoly

Etsy oder DaWanda anbieten –, dem steht es vollkommen

frei, das zu tun. Meine eigene kleine Firma Fasterpoly bietet in ihrem Online-Shop selbst designte Produkte für Modellbau und Schmuck an. Mit einem selbst gemachten Katalog, von dem eine zufällige Seite in Abbildung 12 gezeigt wird. Gleichzeitig habe ich bei Etsy einen Fasterpoly-Shop angelegt, um auch dort verkaufen zu können. Ob ich den Shop nutze oder nicht: Allein das Anlegen eines Verkaufsshops hat mich bei Etsy nichts gekostet. Wenn das so bleibt, sind diese Maker-Plattformen für alle, die etwas selbst Gemachtes anzubieten haben, sehr attraktiv. Nicht zu vergleichen mit den hohen Kosten eines normalen Ladengeschäfts in einer Innenstadtlage.

Crowdsourcing

An anderer Stelle habe ich schon das Crowdfunding oder die Schwarmfinanzierung beschrieben, eine Art Finanzierung, mit welcher über das World Wide Web eine große Anzahl von Kapitalgebern dazu aufgerufen wird, Produkte oder Projekte finanziell zu unterstützen. Solche, für deren Realisierung dem Initiator und Ideengeber oftmals das Geld fehlt.

Crowdsourcing oder auch Schwarmauslagerung funktioniert nach einem ähnlichen Prinzip – nur wird hier nicht zur finanziellen Beteiligung aufgerufen, sondern dazu aufgefordert, sich mit Know-how und Ideen zu beteiligen. Gemeinsam mit dem Crowdfunding hat Crowdsourcing, dass über das Internet möglichst viele User dazu motiviert werden sollen, sich freiwillig zu beteiligen.

Christian Papsdorf, Soziologe an der Technischen Universität Chemnitz, liefert in seinem Buch *Wie Surfen zu Arbeit wird: Crowdsourcing im Web 2.0* die folgende Definition, mit welcher deutlich wird, dass Crowdsourcing und Open Source keineswegs völlig identisch sind: „Crowdsourcing ist die Strategie des Auslagerns einer üblicherweise von Erwerbstätigen entgeltlich erbrachten Leistung durch eine Organisation oder Privatperson mittels eines offenen Aufrufes an eine Masse von unbekannten Akteuren, bei dem der Crowdsourcer und/oder die Crowdsourcees frei verwertbare und direkte wirtschaftliche Vorteile erlangen."

Bei Open Source handelt es sich um Software, die unter einer Lizenz steht, welche den öffentlichen Zugang zum Quelltext gestattet und erlaubt, dass dieser außerdem frei kopiert und verändert oder auch modifiziert oder eben auch unverändert weiterverbreitet wird. Typische Open-Source-Software ist beispielsweise Linux, Blender oder Firefox. Open Source und Crowdsourcing werden oft in einem Atemzug genannt, und in der Tat wäre ja Crowdsourcing ohne Open Source sehr schwer denkbar und vorstellbar.

In meinem Buch über 3D-Druck/Rapid Prototyping habe ich über das US-amerikanische Unternehmen Local Motors geschrieben – im Kapitel über 3D-Druck in der Automobilindustrie und gleichzeitig als Open Source in der Automobilindustrie. Dieses im Jahr 2008 von Jay Rogers in Chandler, Arizona, gegründete Start-up-Unternehmen ist außerdem ein hervorragendes Beispiel für Crowdsourcing. Die Gründungsbasis für Local Motors war das Maker-Prinzip. Hier wird einer Online-Community ermöglicht, individuelle Kleinserien von Autos zu bauen. Zusammen mit dem Unternehmen können Entwickler, Designer und andere Spezialisten virtuell Entwürfe ihrer Wunschautos schaffen. Der Entwicklungsprozess ist jederzeit öffentlich und die Entwürfe der Autos dürfen von der Community verbessert und verändert werden. So ermöglicht Open Source einer kreativen Gemeinschaft von Nutzern, ihr Wissen aus unterschiedlichsten Bereichen auszutauschen und zu verarbeiten und so innerhalb sehr kurzer Zeit beeindruckende Prototypen entstehen zu lassen. Die Entwicklung dieser Prototypen würde ohne das zusammengeführte Know-how verschiedenster Spezialisten – Crowdsourcing – erheblich mehr Kosten und Zeit in Anspruch nehmen und vermutlich nicht einmal in derselben Qualität möglich werden.

In seinem Buch „Makers" schreibt Chris Anderson ebenfalls über Local Motors und deren Open-Source-Prinzip (Seite 127): „Was sie nicht tun, ist, Beitragende auf Basis ihrer Empfehlungen einzuschätzen. Amateure haben genauso viel Einfluss wie Profis. Das Gleiche gilt für fast alle Open-Innovation-Communitys: Wenn man jeden etwas beitragen lässt und Ideen auf Grundlage ihres Werts statt auf Basis des Lebenslaufs des Beitragenden beurteilt werden, wird man immer wieder feststellen, dass einige der besten Beiträge von jenen kommen, die sich in ihrem normalen Job, dem Tagesjob, gar nicht mit dem Thema beschäftigen."

Zum Abschluss noch ein Wort als Bedenkenträger, denn kaum eine Form der Zusammenarbeit schließt Nachteile völlig aus: Was geschieht, wenn es nach einer euphorischen Anfangsphase unter engagierten Makers am Ende zur Kommerzialisierung von Crowdsourcing kommt? Wenn Crowdsourcing – immer noch unter dem Namen – Mainstream wird und große Unternehmen daran verdienen? Überhaupt: Wem gehört schließlich das geistige Eigentum, wer darf das gemeinsam entwickelte Produkt auf den Markt bringen und daran verdienen? Wer hat das Urheberrecht? Reichen zu einer verträglichen Regelung freier Inhalte die Standard-Lizenzverträge der 2001 gegründeten gemeinnützigen Organisation Creative Commons aus?

Open Software – und immer mehr Open Hardware

Irgendeine Art von Open Software ist inzwischen jedem bekannt, selbst wenn tatsächlich immer noch nicht jeder Open Software nutzt. Sehr bekannt als Beispiele für Open Software sind das schon zuvor genannte Betriebssystem Linux und der Webbrowser Firefox. Oder die freie Software WordPress, welche ursprünglich für Blogger entwickelt worden war, sich aber außerdem als so gut geeignet zur Verwaltung von Webseiteninhalten erwies, dass sie ebenfalls dafür gern und häufig genutzt wird. Niemals unerwähnt bleiben sollte bei Open Software natürlich Wikipedia, die 2001 gegründete, kostenlose und weltweite Online-Enzyklopädie.

Im November 2012 schreibt Hendrik Send in seinem Artikel *Die dritte industrielle Revolution: Open Hardware – Die Produktionsstraße im Wohnzimmer*: „Nun deutet Vieles darauf hin, dass sich die Erfolgsgeschichte der digitalen Güter für physische Güter (im Englischen *Hardware*) wiederholt. Der erste wichtige Bestandteil der Entwicklung sind digitale Pläne oder Modelle von physischen Gegenständen, die genau wie Open Source Software frei zur Verfügung stehen und von einer weltweiten Gemeinde ständig verbessert werden. Auf Plattformen wie Thingiverse teilen, diskutieren, bewerten und verbessern schon heute Nutzer digitale Pläne physischer Produkte. Viele der Entwürfe sind hier in Kategorien wie ‚Art' und ‚Fashion' zu finden. Aber Nutzer haben ebenso sehr komplizierte Bauteile für *Quadcopter* (eine selbst stabilisierende Weiterentwicklung von Hubschraubern mit meist vier Rotoren), Ersatzteile für kaputte Kinderwagen oder

Produkte zur Erweiterung des eigenen iPhone zur Verfügung gestellt."

Open-Hardware-Produkte ermöglichen einer Community Zugriff und Nutzungsrechte auf ihr Design. Nur so wird die Erweiterung, Verbesserung und die schnelle Verbreitung gefördert.

Solch ein Produkt ist zum Beispiel der an früherer Stelle ausführlich beschriebene RepRap als einer der Selbstbau-3D-Drucker.

Ersatzteile aus dem 3D-Drucker

Oder Ersatzteile: Im Oktober 2012 werden auf der Internetplattform/Tauschbörse des 3D-Druck-Dienstleisters Shapeways zum ersten Mal von einem schwedischen Unternehmen Ersatzteile als 3D-Modelle angeboten. Das Unternehmen Teenage Engineering ermöglicht seinen Kunden, die STL- oder STEP-Dateien bei Shapeways entweder kostenlos herunterzuladen oder dort direkt zu bestellen und ausdrucken zu lassen. Teenage Engineering vertreibt einen Miniatur-Synthesizer namens OP-1, dessen Ersatzteile – wie zum Beispiel Drehknöpfe, Hebel oder Sonderschrauben – kostengünstig bei Shapeways bestellt oder einfach heruntergeladen und auf dem eigenen 3D-Drucker ausgedruckt werden können. Drei Parteien haben Nutzen daraus: Für Teenage Engineering in Schweden war es schwer, einen guten Vertriebsweg für Kleinteile zu finden – die Versandkosten für die preisgünstigen Ersatzteile waren unverhältnismäßig hoch. Shapeways druckt und verschickt und macht Umsatz. Und am meisten profitieren die User, die an ihrem heimischen Rechner rund um die Uhr die kostenlosen Modelle herunterladen und sich diese auf dem eigenen 3D-Drucker ausdrucken können oder sie eben auch bequem bei dem 3D-Druck-Dienstleister bestellen.

„Eine kleine Zivilisation mit modernem Komfort"

Ein weiteres beeindruckendes Exempel für Open Hardware ist eine technologische Open-Source-Plattform namens Open Source Ecology, welche mit dem Global Village Construction Set (auf Deutsch etwa: universeller Dorfbausatz) die Herstellung von fünfzig unterschiedlichen Landwirtschafts- und Industriemaschinen ermöglichen möchte. Nach bescheidener Aussage auf der Webseite werden diese Maschinen benötigt, „um eine kleine Zivilisation mit modernem Komfort" zu schaffen. Dabei wird von einer Größe eines Dorfs mit rund 200 Einwohnern ausgegangen. Gegründet wurde die Open-Source-Ecology-Plattform im Jahr 2003 in den USA von dem Physiker Marcin Jakubowski, der von einem Netzwerk von Landwirten, Ingenieuren und anderen unterstützt wird. Marcin Jakubowski, gebürtiger Pole, hatte in seiner Heimat sowohl das Kriegsrecht als auch die Mangelgesellschaft noch erlebt, bevor er als Zehnjähriger mit seinen Eltern in die USA auswanderte. Jakubowski hat diese Erlebnisse nicht vergessen – die Erinnerungen an den materiellen Mangel und die Ressourcenknappheit. Er ist überzeugt davon, dass Open-Source-Wirtschaft die nächste Wirtschaftsform sein wird. Noch während seines Studiums hatte er Open Source Ecology gegründet, nach seiner Promotion widmete er sich ausschließlich dem Projekt.

Im Wiki www.opensourceecology.org sind die 3D-Konstruktionen, die Schaltpläne, die Material-Stücklisten, die Benutzerhandbücher und Lehrvideos zum Bau der Industriemaschinen zu finden. Laut Aussage von Open Source Ecology ist die Herstellung der Maschinen im

Durchschnitt mit acht Prozent geringeren Kosten verbunden, als bei einem kommerziellen Hersteller für die Produktion entstehen. Dabei sei ein Stundenlohn von 12 EUR für einen herstellenden Mitarbeiter von Open Source Ecology bereits einkalkuliert. Die im Do-it-yourself-Verfahren gebauten Maschinen seien den bei industriellen Herstellern produzierten Maschinen in Bezug auf Qualität und Leistungsfähigkeit gleichwertig. Ziel sei es außerdem, dass Motoren, Einzelteile, Komponenten und Antriebsaggregate austauschbar und universal einsetzbar sind. Zudem sollen die Maschinen wartungs- und reparaturfreundlich sein, damit die Benutzer sie selbst in Stand halten und reparieren können, ohne auf die Leistung eines ausgebildeten Mechanikers zurückgreifen zu müssen. Das meiner Einschätzung nach vorrangige Ziel von Open Source Ecology ist die Schaffung eines neuen Wirt-

Abbildung 13: Die Backsteinpresse, Quelle: Open Source Ecology

schaftsmodells, mit Open Source als Grundlage für Autonomie. So heißt es auf der deutschen Seite des Wiki der

Organisation: „Wir bestärken jeden darin, die Unterneh-
mungen, die auf Grundlage des GVCS (GVCS als Abkürzung für Global Village Construction Set) entstehen, zu
replizieren, um den Weg zu einem wirklich freien, fairen
und sozialen Markt zu ebnen und dadurch demokratische

Abbildung 14: Traktor, Quelle: Open Source Ecology

Selbstbestimmung zu erlangen."

Löffelbagger, 3D-Drucker, Backofen, Windturbinen,
Bulldozer, Melkmaschinen oder sogar ein Traktor – all
das und noch viel mehr soll sich mit dem Open-Source-
Angebot zum Global Village Construction Set herstellen
lassen. Das erste von Open Source Ecology veröffentlichte und verkaufte Produkt war die Backsteinpresse auf Abbildung 13. Das Maschinen-Programm wird jedoch ständig erweitert. Die Geräte werden in Missouri auf der Fac-
tor-e-Farm, einem etwa zwölf Hektar großen Gelände,
gebaut und getestet. Weil die digitalen Baupläne öffentlich sind, darf jeder daran arbeiten und sie verbessern. Es

wird auf dem Wiki von Open Source Ecology sogar aus-
drücklich darauf hingewiesen, dass auf die Zusammenarbeit mit Unterstützern aus aller Welt gezählt wird. Für das
Projekt hat das Netzwerk auch schon auf der Crowdsour-
cing-Plattform Kickstarter Geld gesammelt. Global Vil-
lage Construction Set gewann im Jahr 2011 den von der
Zeitschrift MAKE ausgeschriebenen Green Project Con-
test. Es bleibt abzuwarten, in welchem Umfang sich Glo-
bal Village Construction Set weiterentwickeln und als
Idee verbreiten wird. Das Ziel der Organisation Open
Source Ecology, einen sozialen Markt und demokratische
Selbstbestimmung zu schaffen, wäre vielleicht sogar eine
Möglichkeit für die so genannte Dritte Welt, sich aus dem
Griff reicher Länder zu lösen. Abbildung 14 zeigt eine
Landmaschine, den Open-Source-Traktor mit dem Namen
„LifeTrac".

Abbildung 15 bietet eine Übersicht des Global Village
Construction Set.

**Abbildung 15: Maschinen für eine kleine Zivilisation mit moder-
nem Komfort, Quelle: Open Source Ecology**

Auch Unternehmen bieten Open Source an: Welchen Nutzen haben sie davon?

Beispiele für Open Source von Unternehmen

Wie schon weiter oben erwähnt, bietet das US-amerikanische Unternehmen Local Motors Open Source in der Automobilindustrie. Mit dem Rally Fighter

Abbildung 16: Rally Fighter, Quelle: Buddy Crisp/Local Motors

(Abbildung 16) wurde bei Local Motors das erste Open-Source-Auto produziert. In der Fabrik von Local Motors werden genau die Autos hergestellt, die in einem Open-Source-Forum von einer Community gemeinsam designt und entwickelt worden sind. Das Wissen und die Ideen, die gesammelt werden, die Designs: Alles läuft über Crowdsourcing. Bei Local Motors ist es erklärtes Ziel, dass die Ideen wiederum als Grundlage dafür dazu genutzt werden, dass sie zum Nutzen aller weiter verfeinert und verbessert werden. Die Schöpfer der Autos – das heißt die Community von Designern und Ingenieuren –

77

sind gleichzeitig die Kunden von Local Motors. Unter Anleitung von Experten bauen sie sich innerhalb weniger Tage ihr eigenes Auto zusammen.

Local Motors sind aber nicht die Einzigen, die Open Source anbieten. Selbst der weltbekannte Konzern Microsoft hat im Jahr 2012 ein Open-Source-Unternehmen als Tochterfirma gegründet: Microsoft Open Technologies hat die Aufgabe, sich ausschließlich auf die Geschäftsbereiche Interoperabilität, offene Standards und Open-Source-Software zu fokussieren. Auf diese Weise soll Microsofts Zusammenarbeit mit einzelnen Open-Source-Projekten – wie zum Beispiel der Apache Software Foundation oder Standardisierungsgremien – verbessert werden. Ziel sei es, bei der Kooperation mit unterschiedlichen Projekten die Geschwindigkeit zu erhöhen und die Zusammenarbeit mit Open-Source-Entwicklern zu erleichtern. Microsoft war nicht immer dafür bekannt, Open Source zu unterstützen. Das Unternehmen hat aber mittlerweile bereits den Quellcode von verschiedenen ASP-Web-Technologien unter einer Open-Source-Lizenz zur Verfügung gestellt. So bietet es Nutzern die Möglichkeit, ihre Ideen und Verbesserungsvorschläge einzubringen und sich am Weiterentwicklungsprozess des Produkts zu beteiligen.

Was bewegt Unternehmen sonst noch dazu, Open Source anzubieten?

Zunächst einmal ist Open Source eine sehr einfache Art zur Sammlung und Bündelung des Know-hows von Spezialisten, die sich freiwillig beteiligen und sonst kaum zu bezahlen oder überhaupt auch nur zu finden wären. Zudem ist die Open-Source-Gemeinschaft international und arbeitet – weil das Netz niemals schläft – rund um die Uhr. Open Source bietet folglich Unternehmen die Möglichkeit, kostenlos, Tag und Nacht sowie an Wochenenden auf internationales Expertenwissen zurückzugreifen. Diejenigen, die Beiträge leisten, tun das in der Regel aus Spaß und außerdem freiwillig in ihrer Freizeit. Tagsüber arbeiten sie oft in hochbezahlten, qualifizierten Jobs. Oder auch nicht, was aber natürlich Expertenwissen nicht ausschließt. Denn tatsächlich erhält nicht jedes Talent einen hochbezahlten Job in der Industrie. Und es ist nicht einmal immer so, dass dies das Ziel eines jeden talentierten Entwicklers ist. Das Internationale ist ebenfalls ein entscheidender Faktor bei Open Source: Denn Open Source kennt keine begrenzte oder verweigerte Arbeitserlaubnis. Aus einem unendlich großen, internationalen Brainpool mit unterschiedlichem, breit gefächertem Know-how können schnell bahnbrechende Weiterentwicklungen zusammengeführt werden. Die Community beteiligt sich nicht allein aus Altruismus und intellektueller Neugier, sondern auch aus Freude daran, etwas zu entwickeln, zu gestalten und zu verbessern – und am Ende an dem Ergebnis teilzuhaben, davon gleichfalls zu profitieren, weil sie an dem Produkt oder Projekt selbst interessiert sind. Insgesamt beschleunigt Open Source den Innovationsprozess enorm. Firmen sparen, selbst wenn sie nur einen Teil ihres Geschäftszweigs als Open Source anbieten, immense Kosten im Bereich Forschung und Entwicklung. Weil der Pool an Nutzern sein Wissen kostenlos zur Verfügung stellt. Das qualifizierte Auffinden von Fehlern ebenso wie sich das daran anschließende Fehlerbeheben, was häufig dazu führt, dass Open-Source-Produkte im Ergebnis qualitativ besser als Closed-Source-Produkte sind und von Käufern wie auch von großen Unternehmen gern angenommen werden. Die Produktentwicklung kann mit Open Source sehr schnell sein, weil sich gleichzeitig viele Qualifizierte mit großem Enthusiasmus und Einsatz daran beteiligen. Ebenso sehr kann ein Open-Source-Projekt natürlich auch scheitern: Wegen mangelnder Regulierung, immer schleppender werdenden Engagements der Beteiligten oder möglicherweise dadurch, dass die Mitwirkenden sich untereinander zerstreiten.

Das ständig schneller werdende Tempo, welches durch Open Source möglich wird, ist in jedem Fall ein bedeutender Wettbewerbsfaktor. Zunehmend wichtiger wird es, der Erste zu sein.

„If a product is late to market by 6 months, already 66% of its gross profit margins are lost," zitiert Jonathan L. Cobb, Vice President of Global Marketing der US-amerikanischen Firma Stratasys in einem Webinar zum Thema Additive Manufacturing Ende 2012. Er beruft sich dabei auf ein Ergebnis, das McKinsey Associates der international bekannten Unternehmensberatung McKinsey & Company ermittelt haben. Dass bei einem Produkt, welches mit einer Verspätung von sechs Monaten auf den Markt kommt, bereits 66% seiner Bruttogewinnspanne verloren sein sollen, klingt zunächst einmal überwältigend. Es ist sicherlich nicht bei jedem Produkt so, dass ein verzögerter Markteintritt derart hohe Einbußen verursachen muss. Bei vielen Produkten aber kann nur durch eine außerordentlich kurze Time-to-Market eine ordentliche Gewinnspanne erzielt werden. Gerade bei Produkten der Hochtechnologie, welche nur einen kurzen Lebenszyklus haben, hat der Produzent einen enormen Wettbewerbsvorteil, welcher als Erster und ohne Konkurrenz sein Produkt auf den Markt bringen und deshalb allein den Preis festsetzen kann.

Hinzu kommt, dass ein Open-Source-Angebot die Unternehmen einer breiten Öffentlichkeit sympathisch macht. Diese positive Aufnahme in der Öffentlichkeit kann den Markteintritt erleichtern. Und nicht zuletzt:

Auch hohe Kosten für Marktforschung entfallen. Denn dass ein Markt da ist, ist allein dadurch wahrscheinlich, dass ein Produkt gemeinsam von einer großen Gruppe begeistert entwickelt und zur Marktreife gebracht wird.

Zu einem weiteren Beispiel für Open Source fällt mir das Unternehmen Google ein. Im November 2012 ist auf der Webseite www.heise.de zu lesen, dass Google seine von den eigenen Mitarbeitern entwickelten Konstruktionspläne für einen Buchscanner unter einer freien Lizenz ins Netz gestellt habe. Es gibt hier gleich zwei Punkte, durch welche Google als Unternehmen mit dieser Meldung für die Öffentlichkeit sympathisch wirkt: Der eine ist, dass Mitarbeiter von Google den Buchscanner während der Arbeitszeit konstruiert haben, welche das Unternehmen ihnen zum Verfolgen eigener Projekte überlässt. Im Jahr 2006 führte Google das so genannte 20-Percent-Time-Programm ein, in welchem Mitarbeitern 20 Prozent ihrer Arbeitszeit als Freiraum zur Entwicklung von Projekten gegeben wird, die in Zukunft für Google nützlich werden könnten. Allein das vermittelt von Google den Eindruck eines freundlichen Unternehmens, das Mitarbeiter und deren Kreativität fördert. Der zweite Punkt ist der Nutzen, den die Allgemeinheit durch die Open-Source-Initiative für den preisgünstigen Selbstbau-Scanner zur Buchdigitalisierung hat. Ein professioneller Scanner zum Digitalisieren von Büchern wäre für Privatpersonen nahezu unerschwinglich. Das Google-Gerät mit dem Namen Linear Book Scanner ist aus einem herkömmlichen Scanner, einem Staubsauger und weiteren Teilen zusammengebaut. Es kann komplette Bücher automatisch digitalisieren. Die für den Bau erforderlichen Einzelteile kosten ungefähr 1.500 US-Dollar. Um ein Buch von 1.000 Seiten einzuscannen, werden nicht viel mehr als 90 Minuten benötigt. Der ebenfalls als Bauteil erforderliche Staubsauger sorgt nach dem Einscannen für das automatische Umblättern – wie alles genau funktioniert und wie der Linear Book Scanner zusammengebaut wird, hat Dany Qumsiyeh, der Ingenieur bei Google und gleichzeitig einer der Entwickler des Scanners ist, für die Allgemeinheit zusammengefasst. Nicht nur kann der automatische Seitenumblätterer zu einem günstigen Preis von jedem, der möchte, zusammengebaut werden. Hinzu kommt, dass er von der Nutzer-Community sogar zum Vorteil aller noch weiter optimiert werden kann – unter anderem natürlich auch zum Nutzen von Google. Google untersagt Selbstbauern nicht einmal den Verkauf des Scanners.

Die positive Resonanz der Öffentlichkeit ist groß, wenn ein Unternehmen etwas verschenkt und an Open Source teilhaben lässt. Damit ist Open Source für Unternehmen oft einträglicher als viele andere Formen der Werbung.

Wer zunächst etwas geschenkt bekommt, freut sich in der Regel darüber und ist im Anschluss daran eher bereit, ein Produkt zu kaufen. An früherer Stelle in diesem Buch habe ich die CAD-Software von Autodesk genannt. Neben professioneller und vor allem kommerzieller 3D-CAD-Software bietet das Unternehmen zusätzlich verschiedene kostenlose 3D-CAD-Programme an, allerdings als Closed Source. Damit steht es nicht allein. Es liegt nahe, dass jemand, der eine kostenlose Software in Anspruch genommen hat und mit dieser zufrieden war, beim gleichen Unternehmen auch die kostenpflichtige, mit mehr Features ausgestattete professionelle Variante erwerben wird. So ließe sich unterstellen, dass kostenlose Software großer Unternehmen manchmal eine Art „Teaser" darstellt: Ein erster Einstieg mit einem zuverlässigen kostenlosen Programm könnte Nutzer dazu bewegen, anschließend eventuell ein kostenpflichtiges Produkt desselben Unternehmens zu kaufen.

Share Economy – ein kurzer Exkurs

Autos gemeinsam mit Fremden nutzen, seine eigene Couch Unbekannten zum Schlafen zur Verfügung stellen (Couch Surfing), Software teilen – das alles sind Beispiele für Share Economy. Bei Share Economy wird nichts produziert, sondern konsumiert und deswegen gehört der Begriff nicht unmittelbar zum „Machen". Meiner Einschätzung nach passt er dennoch in den Zusammenhang dieses Buchs, weil er als Teil der Maker-Revolution kaum wegzudenken ist. Allein die „shared files" auf immer zahlreicher werdenden Internet-Tausch-Plattformen, seien dies zum Beispiel Shapeways oder Sculpteo, beschleunigen und fördern die Bewegung der Macher.

Der Begriff Share Economy wurde von Martin Weitzman, Wirtschaftswissenschaftler an der Harvard-Universität, geschaffen. Share Economy bedeutet, dass, je mehr unter allen Teilnehmern des Marktes geteilt wird, sich der Wohlstand für alle erhöht. Zusätzliche Bedeutung hat Share Economy erlangt, seit Technologien wie das World Wide Web das Teilen leichter machen, als es jemals zuvor war. Dabei geht es nicht nur um das Teilen von Wissen und Inhalten, sondern ebenso um Gebrauchsgüter, die gemeinsam gekauft, genutzt oder geliehen werden.

Es lässt sich nicht ausschließen, dass sich mit Share Economy ein ernsthafter Gesellschaftswandel, zumindest in der westlichen Welt, abzeichnet. Wenn sich das Teilen nicht nur als schnelllebiger, vorübergehender Trend erweist, wird in Zukunft sowohl anders produziert als auch im größeren Zusammenhang anders konsumiert werden als zuvor. Für viele ist mittlerweile ein Auto kein Statussymbol mehr, das sie selbst zu besitzen anstreben. Es ist vielmehr zu einem Beförderungsmittel geworden, welches von vielen nur gelegentlich gebraucht wird – und das sich deshalb teilen lässt. Dies ist keineswegs nur ein Phänomen, das sich bei einigen wenigen jungen Leuten beobachten lässt. Zahlreiche ältere Menschen nehmen mittlerweile an Carsharing-Programmen teil. Diese sind in der Mehrzahl weniger daran interessiert, sich ein Auto zu leihen, als daran, ihr Auto gegen Gebühr zu verleihen: Als Rentner abschaffen wollen sie das Fahrzeug nicht, weil sie zum einen mobil bleiben möchten, zum anderen ein Auto für Einkäufe und andere Erledigungen benötigen. Einen guten Teil der Zeit aber bleibt das Fahrzeug ungenutzt. So entscheiden sich zunehmend auch ältere Leute für Share Economy. Das Auto wird über Carsharing angeboten. Das bedeutet einerseits, dass es bewegt und gefahren wird. Andererseits bringt das Vermieten des Autos dem Vermieter zusätzlich ein wenig Geld. Share Economy ist nicht nur umweltfreundlich, sondern verschafft den Teilnehmenden außerdem wirtschaftliche Vorteile. Das könnte dafür sorgen, dass es nicht ein bald wieder abflauender Trend ist.

Sogar das oft in den Massenmedien als Hobby beschriebene „Shoppen" scheint nicht alle Bevölkerungsschichten als Trend gleichmäßig zu begeistern. Studien belegen immer wieder, dass, je größer das Warenangebot, desto wahrscheinlicher es ist, dass sich potenzielle Konsumenten gegen einen Kauf entscheiden. Der Grund dafür ist, dass sie sich vom Umfang des Angebots überwältigt oder sogar überfordert fühlen. Oder auch nur genervt und verärgert, was ebenfalls dazu führen kann, dass die Lust am Kaufen vergeht. So ist es einfacher, sich auf den Rat

eines Besitzers zu verlassen, bei dem man ein selten genutztes Gerät, wie eine Bohrmaschine ausleiht, als selbst
zu versuchen, eine geeignete Maschine in dem Überange-
bot eines Baumarkts zu finden.

Geteilt werden kann nahezu alles: Fähigkeiten (Beispiel Wikipedia), Sachen (Beispiel Carsharing), Raum
(Beispiel Wohnungen) oder Zeit (Beispiel Urban Garde-
ning/Urbaner Gartenbau) lassen sich teilen. Gemeinsam
konsumiert, Co-konsumiert – zum einen, um Geld zu sparen, zum anderen, um selbst weniger zu arbeiten und
dadurch mehr Zeit zu gewinnen. Außerdem sorgen die
meisten Arten des Teilens für Kommunikation und helfen
dabei, andere Menschen zu treffen. Und nicht zuletzt:
Durch geringeren Ressourcenverbrauch wird weniger
Abfall produziert.

FabLabs

FabLabs sind offene Hightech-Werkstätten für die Produktion, in welchen ein reger Austausch von Wissen und
Know-how unter Kreativen, Bastlern sowie auch Ingenieuren oder Konstrukteuren stattfindet. Zutritt hat jeder,
der möchte, aber die genannten Gruppen stellen in den
Industrieländern sicherlich die größte Anzahl von Interes-
senten, die das Angebot von FabLabs in Anspruch nehmen. Das meiner Einschätzung nach wichtigste Ziel der
FabLabs ist die Demokratisierung der Produktion – das
wird dadurch erreicht, dass jeder, der etwas herstellen
möchte, gegen einen kleinen Beitrag Mitglied werden
kann. Denn die FabLabs sind zumeist als gemeinnützige
Vereine organisiert. So haben Privatpersonen Gelegenheit, in offenen Werkstätten industrielle Produktionsver-
fahren kennen zu lernen und – zunächst unter erläuternder

Anleitung und im Anschluss daran selbständig – zu nutzen. Zusätzlich finden in vielen FabLabs Workshops und Seminare statt. FabLabs sind Orte der Bildung und Wissensvermittlung. Der Gedanke des Recycelns und Upcycelns in Repair Workshops oder auch Repair Cafés hat in vielen FabLabs eine hohe Bedeutung. Grundlage dafür ist eine Wertschätzung der Nachhaltigkeit. Auf die Repair Cafés wird im Folgenden noch ausführlicher eingegangen.

Die Idee der FabLabs kommt ursprünglich aus den USA, wo im Jahr 2002 der Physiker und Informatiker Neil Gershenfeld am MediaLab des Massachusetts Institute of Technology (MIT) das erste FabLab der Welt gründete. FabLab steht als Abkürzung für Fabrication Laboratory – Fabrikationslabor. Seit 2002 sind in der ganzen Welt zahlreiche FabLabs entstanden, auch in Afrika oder Asien. Gerade in Afrika und Asien haben FabLabs zusätzlich dadurch eine hohe Bedeutung, dass sie dabei helfen können, lokale Probleme zu lösen: Indem sie den Nutzern einen Zugang zu sowohl Produktionstechnologien als auch Produktionswissen ermöglichen, der in vielen Regionen Afrikas und Asiens auf andere Art manchmal schwer zu erlangen wäre. In den Industrieländern bieten FabLabs Einzelpersonen die Möglichkeit, sich mit Hightech-Produktionstechnologien zu beschäftigen. Jeder darf auf professionellen Maschinen etwas bauen.

Eines gilt für alle FabLabs der Welt gleich: Das ist die internationale Fab Charter, welche vom Massachusetts Institute of Technology festgelegt wurde und den FabLabs weltweit einige verbindliche Regeln vorgibt. Die Leitlinien zur „Mission" scheinen mir die bedeutendsten zu sein: Es sollen Erfindungen gefördert werden, dadurch dass FabLabs dem Einzelnen die Nutzung ihrer Werkzeuge für eine digitale Fertigung erlauben. Weitere Leitlinien gibt es zu Zugang, Bildung, Verantwortung, Geheimhaltung und Geschäft. Kurz zusammengefasst, halte ich an diesen für am hervorstechendsten, dass es dabei stets um das Gemeinwohl geht. In FabLabs wird gemeinsam gearbeitet, gemeinsam Werkzeug genutzt, gemeinsam gelernt. Die gewonnenen Erkenntnisse werden geteilt und weitergegeben. Zumindest für den privaten Gebrauch, werden sogar im FabLab entwickelte Konstruktionen geteilt. Zwar werden im FabLab selbst kommerzielle Aktivitäten nicht explizit untersagt, aber es darf dabei nicht die Allgemeinheit in der Nutzung der offenen Werkstätten behindert oder eingeschränkt werden. Und nicht zuletzt: Kommerzielle Aktivitäten dürfen nicht überhand nehmen, und die, welche es gibt, sollen den FabLabs, welche zu ihrem Erfolg beigetragen haben, nach Möglichkeit auch nützen.

In Deutschland wurde an der RWTH Aachen das erste FabLab gegründet. Im deutschsprachigen Raum gibt es inzwischen sehr viele FabLabs in unterschiedlichen Städten – so zum Beispiel in Düsseldorf, Köln, München, Berlin, Wien oder Luzern. Ich nenne hier nur willkürlich einige wenige, aber es sind natürlich sehr viele und es werden immer mehr.

Nicht unerwähnt lassen möchte ich im Zusammenhang mit den FabLabs die FabAcademy, von der es mittlerweile nach erfolgreichem Abschluss des Programms ein FabAcademy-Diplom gibt. Bei der FabAcademy handelt es sich um einen digitalen Fertigungskurs, konzipiert von Neil Gershenfeld, dem Erfinder der FabLabs und Leiter des Center for Bits and Atoms (CBA) am Massachusetts Institute of Technology (MIT). Grundlage für die FabAcademy ist der Rapid-Prototyping-Kurs am MIT mit dem Namen „How to Make (*Almost*) Anything“. Ursprünglich vom CBA als Beratungsprojekt gedacht, hat sich inzwischen die FabAcademy über FabLabs in der ganzen Welt verbreitet. Das mehrmonatige Programm umfasst präzise Anleitungen im Bereich digitale Herstellung für die Teilnehmer und bietet einen einzigartigen praktischen Lehrplan sowie den Zugang zu technischen Geräten und Ressourcen. Die Teilnahme an dem Programm ist kostenpflichtig, so dass ich an dieser Stelle bloß darauf hinweise, dass es eine solche Ausbildung gibt. Wer mehr dazu herausfinden möchte, sollte darüber das gerade Aktuelle zum Ausbildungsprogramm und zu Preisen auf den entsprechenden Webseiten lesen, zum Beispiel auf www.fabacademy.org.

Zurück jedoch zu den FabLabs: Was den FabLabs gemein ist, ist ihre Ausstattung mit Hightech-Geräten. In der Regel werden neben 3D-Druckern – manchmal sogar schon 3D-Scannern – der Öffentlichkeit zur Produktion auch CNC (Computer Numerical Control)-Maschinen oder Laser-Cutter zur Verfügung gestellt.

3D-Drucken

Ein 3D-Drucker arbeitet mit additiver Technologie, indem Schicht für Schicht das Modell aufgebaut wird. Das Verfahren, das sicherlich im Moment die spannendste und zukunftsorientierteste Technologie überhaupt ist, habe ich an früherer Stelle schon etwas ausführlicher erklärt. Für tiefer gehende Informationen empfehle ich mein Buch, das 2012 im Springer-Verlag erschienen ist: 3D-Druck/Rapid Prototyping. Eine Zukunftstechnologie – kompakt erklärt.

Abbildung 17: Josef Prusa, Entwickler des Prusa I3, mit weiteren Instruktoren beim Workshop in Düsseldorf, Quelle: Fasterpoly

Die 3D-Drucker, welche in FabLabs stehen, sind oft Selbstbaudrucker, die von den Mitgliedern zusammengebaut wurden. Häufig werden in den FabLabs Wochenend-Workshops zum Bau von 3D-Druckern angeboten. Die unter Anleitung montierten Drucker können die Workshop-Teilnehmer im Anschluss mit nach Hause nehmen – wie zum Beispiel hier bei einem Workshop, der Ende Oktober 2012 im Düsseldorfer FabLab, dem GarageLab, stattfand. Bei dem abgebildeten RepRap-3D-Drucker mit dem Namen Prusa I3 handelt es sich um einen Open-Source-Drucker, der im FDM-Verfahren druckt und – weil er klein und preisgünstig ist – in jedem Haushalt Prototypen fertigen könnte. Für den privaten Gebrauch reicht diese weit unter 1.000 EUR kostende Maschine von der Qualität ihrer Produkte vollkommen aus und für Prototypen ebenso. Möglicherweise aber würde man für die letzte Variante eines mit viel Zeitaufwand konstruierten Objekts als Option zusätzlich die Dienste eines professionellen 3D-Druck-Dienstleisters mit einer Industriemaschine in Anspruch nehmen.

Josef Prusa aus Tschechien, Entwickler des Prusa I3, war bei dem Seminar in Düsseldorf sowohl als Gast als auch als Instruktor dabei (Abbildung 17).

3D-Scannen

Ein 3D-Scanner kann Modelle für den 3D-Druck schaffen. Dazu wird die Oberfläche eines bereits existierenden Objekts mit einem 3D-Scanner, meist optisch, abgetastet – also eingescannt – und in ein 3D-CAD-Programm eingelesen. Einige Beispiele dazu, wofür sich das Scannen eignet, sind Büsten, Ersatzteile oder Verkleinerungen von Objekten als Modelle. Das heißt: Es gibt bereits ein Objekt als Grundlage und dieses soll mit Hilfe des Einscannens repliziert oder vielleicht sogar in einem anderen Maßstab als das Original produziert werden. Entweder wird ein spezieller Scanner genutzt oder es wird „mit Hausmitteln" gescannt. Letzteres ist nicht so schwierig, wie es zunächst scheinen mag: So können zahlreiche Fotos mit einer Digitalkamera, die das Objekt aus unterschiedlichsten Blickwinkeln aufnimmt, gleichfalls als eine Art Scanner dienen. Diese Bilder werden anschließend in einer speziellen 3D-CAD-Software zu einem gesamten Modell zusammengefügt – und können nach Belieben nachbearbeitet werden. Da professionelle 3D-Scanner gegenwärtig noch sehr teuer sind, wird derzeit gern auf kostenlose 3D-Scan-Software zurückgegriffen. Von diesen Softwares wird es immer mehr geben und sicherlich werden auch die 3D-Scanner kontinuierlich kostengünstiger werden. Während ich dieses Buch schreibe, wird die kostenlose App von Autodesk – Autodesk 123D Catch –

sehr gern verwendet, mit welcher sich anhand von Fotos 3D-Modelle in hoher Qualität erzeugen lassen. Autodesk 123D Catch ist Cloud-basiert und erzeugt aus den Digitalfotos ein 3D-Modell, das sich nachbearbeiten lässt.

Mit der CNC-Maschine arbeiten

Eine CNC-Maschine kann sehr ähnliche Bauteile wie ein 3D-Drucker herstellen, aber das Verfahren dabei ist subtraktiv. Das bedeutet: Es wird bei der Herstellung aus einem Material, dem Halbzeug – dieses kann ein Würfel aus Kunststoff, ein Metallstab, eine Holzplatte oder ein anderer Werkstoff sein –, etwas weggeschnitten. Übliche Verfahren im Maker-Bereich sind dabei Fräsen, Drehen oder Schneiden und Gravieren mit einem Laser. CNC-Maschinen gibt es in den unterschiedlichsten Größen, und es lassen sich sogar große Objekte wie Möbel oder Fahrzeugeinzelteile damit produzieren. CNC-Maschinen können alle möglichen Materialien verarbeiten. Basis für die Herstellung ist aber wiederum ein dreidimensionales CAD-Volumenmodell oder in einzelnen Fällen auch eine zweidimensionale Zeichnung. Mit CNC-Maschinen lassen sich dreidimensionale Bauteile herstellen. Laser-Cutter können nur schneiden oder gravieren.

Laser-Cutting

Laser-Cutter scheinen schon fast gewöhnlich, weil sie auch 2D-Zeichnungen verarbeiten können. Sie funktionieren ähnlich wie CNC-Maschinen. Mit Hilfe eines Laserstrahls wird ein genaues Muster in Blätter eines beliebigen Materials – zum Beispiel Holz, Metall oder auch organische Materialien – gebrannt. Dreidimensionale Körper – seien dies Rohre oder Profile – können mit Hilfe des Lasers getrennt werden. Laser-Cutter werden gern genutzt, weil sie sich leicht bedienen lassen. Sie sind gewissermaßen Einstiegsmaschinen in die digitale Hochtechnologie. Einfache Modelle sind schon für unter 1.000 Euro zu kaufen.

Wer bereits über ein 3D-Modell verfügt, aus welchem er mit Hilfe des Laser-Cutters ein zweidimensionales herstellen möchte, kann dazu wiederum auf eine kostenlose Software von Autodesk zurückgreifen: 123D Make ist in der Lage, digitale 3D-Modelle in 2D-Zeichnungen für Materialien wie Holz, Metall, Karton oder Kunststoff umzuwandeln. Die Software läuft sowohl auf dem Mac als auch auf dem PC. Offenbar hat Autodesk diese Soft-

Abbildung 18: Laserschneiden, Quelle: Bystronic Corporate Communications (Bild aus der Wikipedia)

ware für Makers gemacht, denn in einer Pressemitteilung von Autodesk heißt es dazu: „123D Make wurde für die kreative Selbstentfaltung und für Nutzer konzipiert, die in der Massenproduktion nicht die Produkte finden, die sie suchen und sie in Eigenregie gestalten wollen."

Abbildung 18 zeigt einen Laser-Cutter bei der Arbeit.

Arduino

Arduino – was ist das und warum an dieser Stelle? Ich muss zugeben, dass ich mich mit Elektronik nicht gut auskenne. Arduino gehört als Open-Source-Mikrocontroller zur Bewegung der Macher. An dieser Stelle nehme ich ihn auf, weil ich hier schon die Hardware, die es in vielen FabLabs gibt, genannt habe und ich meine, dass Arduino sich besonders gut für Kreative und Nicht-Programmierer eignet. Zudem gibt es die Open-Source-Arduino-Plattform, welche sowohl aus Soft- wie auch aus Hardware besteht. Als Mikrocontroller kann das Arduino-Board genutzt werden, um interaktive Objekte zu steuern. Gedacht ist Arduino dazu, gerade Designern und Künstlern das Programmieren und die Arbeit mit Mikrocontrollern zu vereinfachen. Arduino kann die Umwelt wahrnehmen, indem er Eingaben von verschiedenen Sensoren aufnimmt und durch seine Ausgaben die Umgebung beeinflusst. Sei es, dass er Licht, Motoren oder andere Antriebe kontrolliert. Auf YouTube gibt es von Fritzing Org, einer Open-Source-Hardware-Initiative, welche Designer, Künstler, Researcher und andere Interessierte dabei unterstützt, kreativ mit interaktiver Elektronik zu arbeiten, auf Deutsch eine Reihe von kostenlosen Online Tutorials dazu, mit denen sich Arduino erlernen lässt.

Offenbar wird Arduino auch für viele Spaßprojekte verwendet und hat damit großes Macher-Potenzial für Kreative. Hier ein paar Beispiele dazu, was man mit Arduino alles anfangen kann. Die folgende Auflistung fand ich im Blog von Phillip Torrone im US-amerikanischen MAKE Magazine:

- Du möchtest, dass die Kaffeekanne sich meldet, wenn der Kaffee fertig ist? Arduino.

- Du möchtest ordentliche Steaks glühen sehen? Arduino.
- Wie wäre es damit, eine Benachrichtigung auf deinem Telefon zu bekommen, wenn im Briefkasten vor der Tür ein Brief eingeworfen worden ist? Arduino.
- Du hättest gern einen Professor-X-Steampunk-Rollstuhl, der sprechen kann und Alkohol ausschenkt (Abbildung 19)? Arduino.

....

- Du möchtest zum Fahrradfahren dein eigenes Herzfrequenzüberwachungsgerät Protokolle auf einer Speicherkarte machen lassen? Arduino.
- Du möchtest einen Roboter bauen, der sich auf dem Boden rundherum bewegt oder im Schnee umherfährt? Arduino.

Diese zugegebenermaßen etwas eigenwilligen Nutzungen des Arduino sollen keineswegs den falschen Eindruck vermitteln, er sei nur ein Spaßinstrument. Es lässt

Abbildung 19: Steampunk-Rollstuhl, Quelle: Daniel Valdez, smee-on.com Props and Costumes, Alabama, USA

sich einiges damit machen, und der Arduino wird besonders häufig für Kunstprojekte genutzt.

Im Januar 2013 stellte Ben Krasnow mit einem Video bei YouTube vor, wie er mit einem Arduino einen selbst gebauten Computertomographen steuert. Am Beispiel eines gefrorenen Huhns beweist er in dem kurzen Videobeitrag, wie das Scannen mit dem Arduino funktioniert.

Raspberry Pi

Raspberry Pi gehört ebenfalls in den Bereich Elektronik und von der Zuordnung damit sicherlich eher in den Beitrag zum Hackspace als den zum FabLab. Den Hackspace, in welchem sich Hacker und andere an Elektronik und Technologie Interessierte organisieren, erläutere ich ausführlich später in einem eigenen Kapitel. Da die Grenzen zwischen FabLab und Hackspace fließend sind und auch Arduino in diesem Kapitel schon aufgeführt ist, kommt jetzt noch Raspberry Pi dazu. Beim Raspberry Pi handelt es sich um einen Mikrocomputer, welcher die Größe einer Kreditkarte hat. Dieser extrem kostengünstige Einplatinen-Computer wurde von der in Großbritannien als Wohltätigkeitsorganisation eingetragenen Raspberry Pi Foundation entwickelt und soll zu Experimenten inspirieren. Wohltätig ist die Raspberry Pi Foundation insofern, als sie allen mit geringerem Einkommen die Möglichkeit bietet, zu einem Computersystem Zugang zu haben. Das Logo der Organisation zeigt eine Himbeere und das Wort Raspberry Pi ist phonetisch identisch mit dem englischen Wort „Raspberry Pie", was auf Deutsch Himbeerkuchen bedeutet.

Seit Dezember 2012 gibt es einen Raspberry Pi Store, der ein Online-App-Store ist, welcher der Gemeinschaft von Raspberry-Pi-Nutzern die Möglichkeit bietet, die von ihnen selbst geschaffenen oder portierten Anwendungen für den Raspberry Pi zu teilen oder, wenn sie möchten, zu verkaufen. Anfängern soll der Store die Gelegenheit geben, sich mit einer Software-Grundausrüstung zu versorgen. 3D-gedruckte Gehäuse für den Raspberry Pi werden längst angeboten – fertig zum Kauf oder auch als Open Source auf 3D-Druck-Plattformen, wie zum Beispiel Thingiverse.

Im Dezember 2012 berichtet Jörg Thoma auf der IT-Nachrichtenseite golem.de von einer Idee, welche das Team des Unternehmens Elastix mit dem Raspberry Pi umgesetzt habe. So sei das auf der Telefonie-Open-Source-Software Asterisk basierende Elastix für das Raspberry Pi portiert worden. Die Portierung trägt den Namen µElastix und steht auf der Webseite für das Projekt – www.uelastix.com – zum kostenlosen Download bereit. Für Laien kurz zusammengefasst: Mit µElastix lässt sich das Raspberry Pi sogar als Telefonanlage nutzen.

Repair Cafés

Noch einmal zu den Repair Cafés, die häufig in FabLabs stattfinden: Diese Idee, gemeinsam mit freiwilligen Helfern in der offenen Werkstatt etwas zu reparieren, kommt nicht aus den USA, sondern aus den Niederlanden. Seinen Ursprung hat das Konzept in Amsterdam, wo seit 2010 die „Stichting Repair Café" (Stiftung Repair Café) die kostenlosen Treffen zum gemeinsamen Reparieren organisiert. Auf der deutschen Internetseite repaircafe.de heißt es: „An den Orten, an denen das Repair Café stattfindet, ist Werkzeug und Material für alle möglichen Reparaturen vorhanden. Zum Beispiel Kleidung, Möbel, elektrische Geräte, Fahrräder, Service, Gebrauchsgegenstände, Spielzeug und vieles mehr. Vor Ort sind auch Reparaturexperten zugegen: Elektriker, Schneiderinnen, Tischler und Fahrradmechaniker. Besucher nehmen schadhafte Gegenstände von zu Hause mit. Im Repair Café machen sie sich gemeinsam mit einem Fachmann oder einer Fachfrau an die Arbeit. Man kann dort immer eine Menge lernen. Wer nichts zu reparieren hat, nimmt sich eine Tasse Kaffee oder Tee. Oder hilft jemand anderem bei der Reparatur. Auf dem Lesetisch liegen verschiedene Bücher zum Thema Reparatur und Heimwerkern – immer gut als Inspirationsquelle." So kann schnell entdeckt werden, dass Reparieren manchmal mehr Spaß macht als wegwerfen. Nicht allein deshalb, weil durch die Abkehr von der Wegwerfgesellschaft die Umwelt geschont wird, sondern auch, weil Teilnehmer an den Reparaturtreffen oft Fähigkeiten an sich entdecken, die sie lange für verloren glaubten – oder Fähigkeiten entwickeln, von denen sie bisher nichts ahnten. Die Fachleute, die in den Repair Cafés zum Reparieren anleiten, leisten diese Arbeit ehrenamtlich. Damit die kostenlosen Veranstaltungen angeboten werden können, werden Spenden gern angenommen. Diese werden oft dafür verwendet, um neue Werkzeuge zu kaufen. Welche wiederum den Teilnehmern des Repair Cafés beim Reparieren zu Gute kommen. Abbildung 20 zeigt das Repair Café im Düsseldorfer FabLab, dem GarageLab.

Abbildung 20: Repair Café im Düsseldorfer FabLab, dem GarageLab, Quelle: Fasterpoly

Coworking

Beim Coworking – der Begriff kommt aus dem Englischen und „co-working" bedeutet übersetzt „zusammen arbeiten" – geht es um Zusammenarbeit unter Selbständigen in einer Gruppe. Die Selbständigen arbeiten unabhängig voneinander, oft in sehr unterschiedlichen Gebieten, haben jedoch gemeinsame Werte. Zudem verbindet sie ein starkes Interesse an Synergieeffekten. Damit unterscheidet sich Coworking von Formen der Zusammenarbeit in üblichen Mietbüros oder auch in den in Deutschland weit verbreiteten Gründerzentren. Synergieeffekte ergeben sich in den Coworking Spaces schnell, weil viele Personen mit unterschiedlichen Talenten und Begabungen an einem Ort, in der Regel einem größeren Büroraum, zusammen arbeiten. Der erste Coworking Space wurde in den USA gegründet. In den letzten Jahren hat diese neue

Arbeitsform ebenfalls in Deutschland bei vielen Kreativen, Freiberuflern und vor allem Start-ups große Beliebtheit gefunden, weil auch das Netzwerk, das sich durch die Zusammenarbeit ergibt, attraktiv ist. Coworking Spaces stellen die zum Arbeiten erforderliche Infrastruktur zur Verfügung. Dazu gehört eine übliche Büroausstattung, die neben dem eigentlichen Arbeitsplatz außerdem Telefon, Drucker, Scanner, Fax, Besprechungsräume usw. bedeutet. In Anspruch genommen werden kann ein Arbeitsplatz zumeist mit Tages-, Wochen- oder Monatskarte. Zusätzlich gibt es in den Coworking Spaces in der Regel Veranstaltungen, wie zum Beispiel Vorträge oder Workshops, an denen die Coworker, oft aber auch die Öffentlichkeit teilnehmen kann.

Coworking Spaces arbeiten ohne starre Mietverträge. Das macht sie gerade für Start-ups und Freiberufler sehr attraktiv, weil die Nutzung des Büroarbeitsplatzes im Coworking Space damit flexibel und einigermaßen uneingeschränkt ist.

In Düsseldorf zum Beispiel ist das Düsseldorfer FabLab, das GarageLab, an den Coworking Space GarageBilk angeschlossen.

Coworking für Makers: mak3d in London bietet 3D-Druck

Der britische 3D-Druck-Dienstleister 3dprintuk setzte 2012 eine sehr interessante Idee um: Unter dem Namen mak3d gründete 3dprintuk in London ein offenes Coworking-Konstruktions-/Design-Büro. Die Prämisse bei mak3d ist es, zum einen begabten 3D-Konstrukteuren kostenlose Büroarbeitsplätze zur Verfügung zu stellen und ihnen außerdem zu ermöglichen, die bei mak3d vorhandenen 3D-Druck-Anlagen zu nutzen. Zum anderen sollen die Coworker dafür wöchentlich zwei Stunden ihrer Zeit zur Verfügung stellen, um an Projekten des 3D-Druck-Dienstleisters 3dprintuk zu arbeiten. Der Vorteil für die Konstrukteure ist dabei nicht allein die Möglichkeit, hochprofessionelle 3D-Druck-Anlagen zu nutzen, auf welche sie sonst vielleicht nicht jederzeit leichten Zugriff für ihre Projekte hätten. Zudem haben sie Gelegenheit, mit anderen in einer offenen und innovativen Atmosphäre zusammenzuarbeiten. Ein wenig erinnert auch dieses Konzept an die FabLabs.

Hackspaces

Jeder hat das Wort „Hacker" schon gehört ...,

Wer ohne weiteren Hintergrund das Wort „Hacker" hört, dem fällt dazu vielleicht zuerst der Chaos Computer Club ein. Der Chaos Computer Club ist ein als Verein eingetragener Zusammenschluss von Netzaktivisten, der 1981 gegründet wurde. Durch die Medien erlangte er in den 80er Jahren des vergangenen Jahrhunderts besondere Bekanntheit: Große Aufmerksamkeit bekam der Chaos Computer Club 1984 wegen des so genannten BTX- oder auch Haspa (Hamburger Sparkasse)-Hacks. Ein „Hack" ist die Modifizierung eines Produkts oder einer Software. Ein Mitglied des Clubs hackte das bis dahin als sicher geltende BTX-System der Deutschen Bundespost, einen proprietären Vorläufer des Internets. Sich als Nutzer der Hamburger Sparkasse einloggend, rief das Club-Mitglied anschließend so häufig eine kostenpflichtige Seite des Chaos Computer Clubs auf, dass auf diese Weise in nur einer Nacht rund 135.000 DM zu Gunsten des Kontos des

Chaos Computer Clubs auf Kosten der Hamburger Sparkasse „erwirtschaftet" wurden. Das Geld wurde anschließend zurückgegeben, denn es ging im Wesentlichen darum, eine Sicherheitslücke im System zu demonstrieren.

Inzwischen erstellt der Chaos Computer Club jedoch – unter anderem – Gutachten für das Bundesverfassungsgericht und nimmt von Zeit zu Zeit an Anhörungen der Bundesregierung teil.

... aber was sind Hackspaces?

Hackspaces oder auch Hackerspaces haben ihren Ursprung in Deutschland, wo sie zuerst als Treffpunkte für Hacker entstanden. Der 1995 in Berlin gegründete c-base gilt als der älteste Hackspace.

Ähnlich wie die FabLabs, sind die Hackspaces oft als gemeinnützige Vereine organisiert, die sich über Mitgliedsbeiträge finanzieren.

Hackspace (Space – englisch: Raum) ist wörtlich zu nehmen: Der Hackspace ist ein Raum, in welchem sich Interessierte aus den verschiedensten Gebieten – seien dies Wissenschaft, Technik oder auch Kunst – treffen und austauschen können. Gefördert werden sollen durch die Hackspaces insbesondere Hackerkultur-Themen, wie zum Beispiel Open-Source-Software und -Hardware, Vernetzung und Netzpolitik. Hohe Bedeutung hat die Weiterbildung auf technischen Gebieten durch Vorträge oder Schulungen. Ein weiterer Schwerpunkt sind Workshops und Do-it-yourself-Veranstaltungen. Das Teilen von Wissen und das gemeinsame Lernen stehen dabei im Vordergrund. In den Hackspaces wird eine Infrastruktur geboten, zu welcher Internetzugänge, aber ebenso Werkzeuge für Hardware-Projekte gehören: Das können 3D-Drucker, Laser-Cutter, CNC-Fräsen und anderes sein. Wikipedia erklärt, dass oftmals beim Hackspace auch vom Makerspace gesprochen werde – und der Übergang von Hackspaces zu FabLabs fließend sei.

Das deutsche Hackspace-Modell wurde später im Ausland zum Vorbild, so dass es inzwischen in der ganzen Welt insgesamt über 1.000 Hackspaces gibt – sei dies in den USA oder auch China (Stand: November 2012).

Deutschlandweit sind Hackspaces über das gesamte Land verteilt. In Düsseldorf befindet sich das 2001 gegründete Chaosdorf – Chaos Computer Club Düsseldorf e.V., zu welchem Mitglieder jederzeit und rund um die Uhr Zugang haben. Einmal wöchentlich findet an einem festgelegten Tag ein Treffen statt, ein so genannter Foo – „Foo" ist laut Wikipedia eine metasyntaktische Variable, die eine beliebige Variable im Computer-Programmcode darstellt. Diese Foo-Zusammenkünfte beginnen gegen Abend, bieten geplante oder spontane Vorträge und enden oft erst spät in der Nacht. Jeder, der etwas vortragen oder vorstellen möchte, darf das tun. Die Themen sind nicht vorgegeben und umfassen deshalb eine große Bandbreite. Zusätzlich gibt es immer wieder Veranstaltungen – seien dies CryptoPartys oder Strickabende.

Auf dem auch für alle Externen offenen Wiki des Chaosdorf Düsseldorf kann jeder lesen, was zum Beispiel eine CryptoParty ist: „Interessierte treffen sich mit ihren Laptops, Tablets und Smartphones sowie sonstigen Toastern und beschäftigen sich mit dem Willen, etwas über die grundlegenden Programme zur Kryptographie und deren fundamentale Funktionsweise zu lernen. CryptoPartys sind öffentlich und für alle frei zugänglich sowie kostenlos und unkommerziell.

CryptoParty ist eine dezentrale, globale Initiative, um grundlegende kryptographische Werkzeuge der allgemeinen Öffentlichkeit zugänglich zu machen. Zum Beispiel das Tor-Netzwerk zur Anonymisierung, Public-Key-Verschlüsselung (OpenPGP) und Sofortmitteilungen off the record (OTR)."

Mit den CrypoParties soll die Anwendung der Verschlüsselung wichtiger und vertraulicher Informationen populärer gemacht werden.

MakerBot – Kunst für alle: Hackathon im Metropolitan Museum of Art in New York

Eine große Kunstveranstaltung wurde im Sinne des Maker Movement durch den 3D-Drucker-Hersteller MakerBot in den USA organisiert: Im Metropolitan Museum of Art, New York, dem Met, fand Anfang Juni 2012 unter dem Motto: „Art to the People" der so genannte „Hackathon" statt. Bei dieser zweitägigen Veranstaltung wurden Kunstwerke und Artefakte des Museums zunächst digitalisiert und anschließend auf dem 3D-Drucker MakerBot Replicator ausgedruckt. Künstler der MakerBot Community arbeiteten hierbei mit einem Team des Museums zusammen.

Das Unternehmen MakerBot stellte für dieses Event im Metropolitan Museum mehrere seiner 3D-Drucker zur Verfügung. Auf der Webseite von MakerBot wurde erklärt, dass das Met Museum in New York 1870 von aufgeschlossenen Amerikanern gegründet worden sei, welche die Ansicht vertreten hätten, dass Kunst allen zugänglich sein solle.

An diese Tradition wurde mit dem Met MakerBot Hackathon auf moderne Art im 21. Jahrhundert angeknüpft.

Die mit Hilfe des kostenlosen Programms Autodesk 123D Catch aus digitalen Fotos in vernetzte 3D-Modelle umgewandelten Kunstwerke wurden natürlich direkt auf der Tauschplattform Thingiverse hochgeladen und der Maker Community zur Verfügung gestellt – „Art to the People" eben.

Oder möchte man dieses Kopieren als eine Art von „Ideenpiraterie" auf dem Gebiet der Kunst bezeichnen? Was würden viele der zeitgenössischen bildenden Künstler davon halten, wenn sie davon erführen, dass ihre Kunst vervielfältigt wird?

„Napsterisierung"?

Inzwischen wird sogar schon von der „Napsterisierung" der klassischen Fertigung gesprochen – und diese befürchtet. Gemeint ist damit das unautorisierte Kopieren urheberrechtsgeschützter Werke, seien es Musik, Kunst oder auch 3D-Objekte. Das Wort Napsterisierung findet seinen Ursprung in der Musiktauschbörse Napster – geschaffen wurde es 2002 vom deutschen Informationswissenschaftler Rainer Kuhlen. Napster entwickelte sich schnell zu einer der größten, nach Ansicht der Musikindustrie illegalen Tauschbörsen und wurde im Jahr 2001 nach Prozessen eingestellt. Stefan Krempl schreibt im Oktober 2012 auf heise.online: „Experten sehen mit 3D-Druckern und vergleichbaren Rapid-Fabrikationsgeräten seit Längerem die Verwandlung der materiellen Produktion in einen rechnergestützten Informationsprozess übergehen."

Auf welche Art die sich ständig verbessernden Ergebnisse 3D-gedruckter Objekte in den kommenden Jahren ein Problem durch unautorisiertes Kopieren werden können, ist gegenwärtig nicht einschätzbar. Insbesondere in den USA jedoch bereiten sich sowohl Firmen als auch Gerichte jetzt schon darauf vor.

So wäre es für Unternehmen technisch möglich, mit Hilfe von Codes, welche mit den CAD-Dateien verknüpft sind, zu bestimmen, ob, wie oft oder mit welchem Bau-Material ein Modell hergestellt werden darf. In den USA würde das durch DRM (Digital Rights Management) festgelegt.

Digitalisierung von Kunstwerken

Weil dies ein Buch für Macher ist, versuche ich, überwiegend Informationen zu sammeln, von denen ich meine, dass Macher unmittelbar von ihnen profitieren können. Indem sie Anregungen und Ideen daraus generieren. Aus diesem Grund habe ich den Hackathon beschrieben. Das Scannen, die Digitalisierung von Kunstwerken wird aber auch für Museen insgesamt immer bedeutender werden, um Artefakte nachzubilden. So zum Beispiel, um Kopien wertvoller Originale zu schaffen, um diese an den verschiedensten Orten der Welt zeigen und ausstellen zu können. Oder auch, wie für das Semitic Museum der US-amerikanischen Harvard-Universität, um zerstörte Objekte aus Artefakten wiederherzustellen.

An der Harvard-Universität gelang es 2012 einem Team von Archäologen und 3D-Spezialisten, mit Hilfe von 3D-Scanning-Software und 3D-Druckern einen Keramiklöwen nachzubilden, der vor 3.000 Jahren beim Angriff der Assyrer auf die alte mesopotamische Stadt Nuzi im heutigen Irak zerstört worden war. Von diesem Löwen waren nur noch Fragmente, beispielsweise die Vorderpfoten, erhalten. Zunächst fotografierte das Team die Skulptur-Fragmente der Museumssammlung aus Hunderten von unterschiedlichen Winkeln, um 3D-Visualisierungen jedes einzelnen Teils herzustellen. Anschließend wurden die Visualisierungen zusammengefügt, aus denen sich ein halb komplettes 3D-Modell des Ursprungsartefakts ergab. Das Team verglich das digitale Modell mit Scans von kompletten Statuen, welche an der gleichen Stelle wie der zerstörte Löwe gefunden worden waren. Für alles, wo es noch Lücken gab, wurden die fehlenden Teile mit 3D-Druck und mit von einer CNC-Maschine geschnittenem Polystyrol-Schaum produziert. Die Oberfläche wurde mit Epoxydharz verfestigt und mit Latexfarbe lackiert. Das Verfahren hat erfolgreich funktioniert und die wieder hergestellte Statue soll in dem Museum ausgestellt werden, sobald die Galerie wieder eröffnet wird.

An einem sehr großen Projekt, das sich gewiss über Jahre hinweg ziehen wird, wird in China gearbeitet: Die chinesische Regierung hat damit begonnen, die Verbotene Stadt in Peking zu restaurieren. Dies geschieht in Zusammenarbeit mit der britischen Loughborough University – mit Hilfe von 3D-Druck. Auch hier werden Artefakte zunächst mit 3D-Scannern eingelesen, um auf der Grundlage der Modelle weiterarbeiten zu können. Ein zu restaurierendes Artefakt werden unter anderem die Decke und die Einfassung eines Gartenpavillons des Kaisers Qianlong sein.

Der Geschmack der Zukunft: getrocknete Insekten mit dem 3D-Drucker zu Nahrung verarbeiten

Vorerst war dies nur ein Kunstprojekt namens *Insects au Gratin* in einer Ausstellung in der Science Gallery in Dublin, Irland, mit dem Titel: Edible: The Taste of Things to Come (Übersetzung etwa: Essbar: Der Geschmack der Zukunft), vom 10. Februar bis 5. April 2012. Das Team der „UWE Bristol Centre for Fine Print Research" mit dem 3D-Druck-Spezialisten Dr. Peter Walter arbeitete zusammen mit der Designerin Susana Soares und dem Lebensmittelwissenschaftler Dr. Kenneth Spears von der London South Bank University sowie Penelope Kupfer (Steak Studio), Bridget Nicholls und Dr. Deborah Southerland an diesem Kunstprojekt, bei welchem getrocknete Insekten mit Hilfe des 3D-Druck-Verfahrens zu Nahrung aufbereitet wurden.

Getrocknete Insekten aus dem 3D-Drucker könnten als essbare und nahrhafte Proteine, zermahlen und als eine Art Mehl verarbeitet, das Welthungerproblem lösen helfen. Um das Ergebnis einerseits geschmacklich aufzuwerten und andererseits eine Konsistenz des Bau-Materials zu erzeugen, die für den Druck geeignet ist, wurde bei dem Projekt das Insektenpulver mit Frischkäse, Geliermittel, Butter, Wasser und Aromastoffen vermischt. Food Designer sorgten dafür, dass die Häppchen nicht nur verträglich waren, sondern außerdem eine ansprechende Form hatten.

Ein großer Vorteil für dieses Projekt war, dass Insekten in großen Mengen überall in der Welt zur Verfügung stehen.

Gleichzeitig machte das Kunstprojekt nachdenklich, weil es auf nachhaltiges Essen fokussiert war: 100 Kilogramm Futter produzieren 40 Kilogramm Grillen, jedoch nur 10 Kilogramm Rindfleisch. Wenn die Weltbevölkerung weiter anwächst: Könnte der Verzehr von mit 3D-Druck verarbeiteten Insekten möglicherweise das Welthungerproblem lösen?

Makers entwickeln zum Nutzen der Dritten Welt

Dass 3D-Druck langfristig Möglichkeiten bieten wird, vielleicht sogar den Hunger in der Dritten Welt zu besiegen, bleibt zu hoffen. Die neuen Technologien und ihre findigen, altruistischen Nutzer – Makers, die nicht nur für sich selbst machen, sondern zumeist auch gestalten und positiv verändern wollen – könnten aber Entwicklungsländern noch auf ganz andere Art nützen. Im November 2012 berichtet das britische Wochenmagazin „Economist" in einem Artikel über 3D-Druck mit dem Titel „A third-world dimension" über einen der Preisträger des Wettbewerbs 3D4D Challenge 2012, welcher von einer Wohltätigkeitsorganisation mit dem Namen „techfortrade" organisiert wurde: Matthew Rogge, Bethany Weeks und Brandon Bowman von der University of Washington haben eine ebenso preiswerte wie umweltfreundliche Methode gefunden, einen 3D-Drucker statt mit teurem Filament mit aus Milchflaschen geschmolzenem Plastik zu füttern und zu bedienen. Die Studenten sind Mitglieder des Washington Open Object Fabricators (WOOF), einem im Jahr 2011 gegründeten studentischen Club für 3D-Druck.

Auf Basis des für ihre Idee bei der 3D4D Challenge 2012 gewonnenen Preisgelds von 100.000 USD planen die drei Erfinder mit der von ihnen gegründeten Firma

Abbildung 21: Grundlage für das Boot sind geschredderte Milchflaschen, Quelle: WOOF

Karem LLC und einer Wohltätigkeitsorganisation namens „Water for Humans" kompostierbare Toiletten und Regenwassersammler speziell anzufertigen – wiederum mit Hilfe von 3D-Druck. Diese kompostierbaren Toiletten werden Trockentoiletten sein, das heißt, sie verfügen über keine Wasserspülung. Die Fäkalien werden in einen mit Rindenmulch oder Stroh gefüllten Behälter geleitet und darin kompostiert. Für das Projekt wollen die Studenten in den armen Ländern selbst Unternehmer suchen, welche von ihnen dazu angeleitet werden, 3D-Drucker zu bauen, zu bedienen und zu warten. Sobald die Technologie für Toiletten und Wassersammler etabliert ist, sollen weitere Produkte eingeführt werden. Das Besondere daran: Sowohl die Software, mit welcher die Drucker laufen werden, als auch viele der druckbaren Entwicklungen werden

Open Source und allen zugänglich sein. Auf diese Art soll sich die Technologie, die im mexikanischen Oaxaca zunächst getestet wird, schnell verbreiten können.

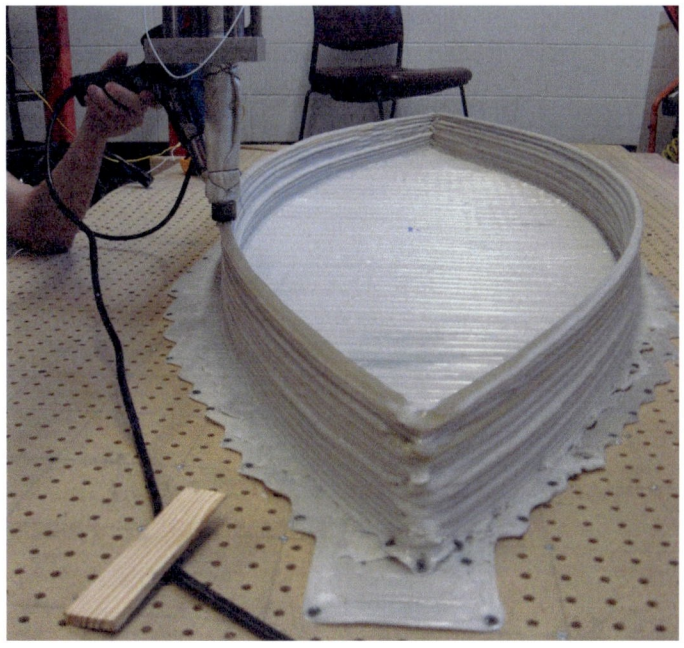

Abbildung 22: Das Boot wird gedruckt, Quelle: Brandon Bowman

Das Wichtigste ist, dass der 3D-Drucker mit seinem vom Entwickler-Team selbst entwickelten HDPE (Hochdruck-Polyethylen)-Extruder im Stande ist, große Objekte zu einem sehr günstigen Preis herzustellen. Die Studenten haben aus ihren 250 geschredderten und geschmolzenen 1-Gallone-Plastik-Milchflaschen bereits ein kleines, funktionsfähiges Boot gedruckt, in welchem ein Mensch sitzen und sich im Wasser fortbewegen kann. Bisher ist es selbst mit den niedrigpreisigen 3D-Druckern der Do-it-yourself-Community schwierig oder geradezu unmöglich, große Bauteile zu produzieren – und das gleichzeitig preisgünstig. Matthew Rogge schätzt, dass das kleine Boot, das er und seine Kollegen gedruckt haben, mit dem herkömmlichen, schon billigen Filament, wie es bei Selbstbaudruckern verwendet wird, um die 800 USD gekostet hätte. Bei 250 recycelten sauberen und leeren Plastikmilchflaschen beziffert Rogge den Preis für das Boot mit 3,20 USD.

Abbildung 23: Das Boot im Test, Quelle: Bethany Weeks

Wie haltbar und dauerhaft ein solches Produkt ist, ob es in großen Mengen hergestellt werden kann, ob 3D-Druck sich tatsächlich eines Tages für die Massenproduktion eignen wird – all das muss noch erforscht werden und sich weiterentwickeln. Erst dann wird 3D-Druck reif für die Massenproduktion sein, wenn er billiger wird als die herkömmliche Herstellung. Vermutlich werden Massenprodukte noch eine Zeit lang in klassischen Fabriken mit traditionellen subtraktiven oder abformenden Methoden produziert werden. Aber es wird mehr und mehr kleine und mittlere Unternehmen geben, die mit Hilfe neuer Materialien, immer wieder verbesserter Software und 3D-Druckern Teile in kleinen Mengen produzieren können werden. Die Macher mit ihren Ideen sind schon da. Es werden täglich mehr und niemand kann sie aufhalten. Sie werden die Welt verändern mit ihren Entwicklungen und dieser neuen industriellen Revolution.

Zum Milchflaschenboot ergänzt der „Economist" noch einen weiteren wichtigen Punkt: Nicht allein würde durch diese Produktionsmethode den Menschen in der Dritten Welt geholfen – auch die Umwelt würde geschont. Einer der Preisrichter des 3D4D-Wettbewerbs, bei welchem die Studenten für ihr Boot ausgezeichnet wurden, stellte fest, dass kleine Boote in Westafrika oft aus immer seltener werdenden Hölzern, wie zum Beispiel Teak, hergestellt werden. Wenn diese kleinen Boote aus recyceltem Plastik produziert würden, wäre es wahrscheinlich, dass weniger Bäume dafür gefällt werden müssten. Gleichzeitig würde die Umwelt mit weniger Kunststoffmüll belastet. In Abbildung 21 ist zu sehen, welche Grundlage das Bau-Material für das Boot hat. In Abbildung 23 wird bewiesen, dass es durchaus fahrtüchtig ist.

TED-Konferenzen als Möglichkeit für Fachleute zum Austausch von Ideen

Die TED-Konferenz – diese Abkürzung steht für *Technology, Entertainment, Design* – findet alljährlich in Monterey, Kalifornien, USA, statt. Ihr Ziel ist der Austausch von Ideen einer exklusiven Gruppe von Fachleuten aus unterschiedlichsten Bereichen. Seit dem Jahr 2005 werden zusätzliche TED-Konferenzen auch außerhalb der USA organisiert.

Um an den Konferenzen teilnehmen zu können, ist es erforderlich, sich um eine Einladung zu bewerben – und zudem kostet die Teilnahme an den verschiedenen Veranstaltungen einige Tausend Dollar. Damit gehört die TED-Konferenz sicherlich nicht in den Bereich Open Source und nicht allzu viele begeisterte Makers werden Gelegenheit haben, einmal persönlich an ihr teilzunehmen. Berühmt ist die TED-Konferenz jedoch durch die TED-Talks-Website. Auf dieser werden die besten Vorträge als Videos zur Verfügung gestellt, und das ist völlig kostenlos. Seit 2009 werden sogar für viele dieser Videos in verschiedenen Sprachen Untertitel hinzugefügt – auch auf Deutsch. Diese informativen Videos sind weltweit bis jetzt schon Hunderte Millionen Mal abgerufen worden. Bei den Videos gibt es Beiträge zu allen möglichen Themen, beispielsweise zu Medizin, Technik oder Wissenschaft – und Makers werden in jedem Fall etwas für sie Interessantes finden, wenn sie auf YouTube nach den TED-Videos suchen. Chris Anderson, Autor des Buchs „Makers", ist seit 2002 Kurator der TED-Konferenz.

Als eine Art Unterkonferenz von TED wurde TEDx ins Leben gerufen. Das Ziel von TEDx wiederum ist es, die Mission von TED weiterzuführen: „Ideen, die es wert sind, verbreitet zu werden" tatsächlich weiterzuverbreiten. Der Fokus liegt dabei darauf, auf lokaler Ebene einen TED-ähnlichen Dialog zu stimulieren. Dieses Bemühen darum, andere zu motivieren, nach dem TED-Muster selbst lokal TED-ähnliche Veranstaltungen zu organisieren, richtet sich zum Beispiel an Schulen, Bibliotheken, Gemeinden oder auch Individuen.

Ein Beispiel für eine TEDx im Maker-Milieu sei an dieser Stelle beschrieben: Professor Chris Yonge ist Designer und Gesellschafter von MakersFactory, dem ersten Makerspace in Santa Cruz, Kalifornien, in welchem 3D-Druck und Visualisierung genutzt werden, um Erfindern und Künstlern dabei zu helfen, ihre Ideen umzusetzen. Bei der TEDxSantaCruz am 15. September 2012 in Aptos, Kalifornien, hielt Chris Yonge eine Rede, in welcher er die 3D-Druck-Technologie beschrieb und zeigte, wie Open-Source-Produkte aussehen können. Chris Yonge erklärte dabei, dass er 3D-Druck in der Zukunft als Teil eines spannenden offenen Wirtschaftssystems sehe. Es werde zukünftig folgende vier entscheidende Veränderungen geben. Diese seien seiner Ansicht nach, wie wir etwas herstellen, wie wir etwas entwickeln beziehungsweise entwerfen, wie wir kommunizieren und wie wir Dinge (things) finanzieren. Yonge ist der Ansicht, dass – sobald Menschen ihr Verhältnis zu den Dingen ändern – sich auch ihr Verhältnis zu sich selbst verändern wird. Die Gesellschaft brauche kreative Menschen, die nicht nur Konsumenten seien.

Kreativ-Technologie-Konferenz Retune in Berlin

Do it yourself hat es natürlich immer gegeben, aber gegenwärtig gibt es eine Art revolutionärer Revival. Es ist wieder interessant, etwas selbst zu machen und es wird keineswegs belächelt. Neue Finanzierungsmöglichkeiten wie Crowdfunding, neue gedankliche Vernetzungsmöglichkeiten wie Crowdsourcing ermöglichen heute allen, die über gute Ideen, aber wenig Kapital verfügen, ihre Ideen zu realisieren. Und sich – kostenlos und von einer engagierten Maker Community – Ideen, Rat und Hilfe einzuholen. Dies aus allen Branchen und auf allen Gebieten.

Vom 26.10. bis 28.10.2012 fand in Berlin die Retune, die Creative Technology Conference, statt. Gebietsübergreifend wurden hier Künstler, Hacker, Designer, Architekten und Ingenieure zusammengebracht, um sich zum kreativen Austausch zu treffen. Weltweit sind diese Fachgruppen vernetzt, um Wissen miteinander auszutauschen, Projekte online zu dokumentieren und zu erweitern. Erfinder und Künstler können so mit- und voneinander profitieren.

Auf der Webseite der Retune ist es zusammenfassend auf den Punkt gebracht: „All diese Entwicklungen lassen eine neue, kreative Innovationskultur entstehen. Retune bringt diese heterogene Gemeinschaft zusammen. Die Konferenz überwindet Fachgebietsgrenzen und zeigt Beispiele, wie leidenschaftliches Ausprobieren, das Aufbrechen alter Zusammenhänge und offenes Denken die Welt verändern können. ...Vorträge und Workshops vermitteln Grundlagen und Spezialwissen: Welche Verarbeitungstechnik eignet sich für welches Material? Wie organisieren Programmierer ihre Arbeit optimal? Wie werden LEDs zu Kleidung? Wie programmiert man einen Microcontroller? Wie werden aus einfachen Dingen Medizininstrumente? Insider beschreiben verblüffende Projekte vom Konzept bis zur Verwirklichung.“

Nach dem Erfolg 2012 ist es sehr wahrscheinlich, dass die Retune zu einer regelmäßigen Veranstaltung wird.

Makers in Universitäten

3D-Drucken in Bibliotheken

An der University of Nevada, Reno, USA, befindet sich die erste akademische Bibliothek, an welcher 2012 Studierenden, Universitätspersonal sowie auch der Öffentlichkeit 3D-Scannen und -Drucken zur Verfügung gestellt wurde. Angefangen wurde damit, einen professionellen Stratasys uPrint SE Plus sowie den Bastler-3D-Drucker 3DTouch der Öffentlichkeit verfügbar zu machen. Der Leiter der Bibliothek, Tod Colegrove, erklärt seine Entscheidung als Teil eines Plans, seine Bibliothek, die zuvor ausschließlich Wissen durch Bücher vermittelte, um neue Methoden zu erweitern. So sollen kreative Einfälle durch die Praxis, welche die Technik des 3D-Drucks bietet, gefördert werden.

3D-gedruckte Objekte aus dem 3D-Drucker-Automaten

Auch das wird es in Zukunft vielleicht an jeder Ecke geben. Wie ein Fotokopierer in der Bibliothek oder im Copyshop würde dieser 3D-Drucker-Automat funktionieren. Der erste mit dem Namen „DreamVendor" wurde am Institut für Mechanical Engineering der Virginia-Tech-Universität in Blacksburg, Virginia, USA, für Mitarbeiter und Studenten aufgestellt und darf während der regulären Arbeitszeit wochentags benutzt werden. So kann jeder, der möchte, von Montag bis Freitag zwischen 9 und 17 Uhr schnell seine dreidimensionalen Prototypen produzieren: Eine STL-Datei wird über einen SD-Karten-Slot importiert – und schon kann der 3D-Druck-Auftrag abgeschickt werden. Der MakerBot-Thing-O-Matic-Drucker druckt das Bauteil und wirft es, wenn es fertig ist, heraus – fast wie ein Automat für Süßigkeiten-Riegel.

Entwicklungen an Universitäten

Natürlich sind Universitäten sowieso Orte, an denen immer Makers sind. Seien diese in FabLabs, die Universitäten angeschlossen sind, oder auch in Forschungsbereichen. Ergebnisse der Forschung an Universitäten sind oft nicht nur theoretisch, sondern auch praktisches, revolutionäres Machen. Wie diese im Folgenden beschriebene Entwicklung der Technischen Universität (TU) Wien.

Nach dem kleinsten 3D-Drucker der Welt wurde 2012 der High-Speed-Nano-3D-Drucker an der TU Wien entwickelt: Ähnlich wie die Stereolithographie funktioniert die so genannte „Zwei-Photonen-Lithographie" mit einem UV-empfindlichen flüssigen Harz. An der TU Wien wurde im Team um Professor Robert Liska eine neue Harzmischung entwickelt: Mit dieser wird es möglich, dass neue Schichten nicht – wie sonst beim 3D-Druck – auf der Oberfläche bereits ausgehärteter Schichten entstehen müssen. Das Material kann überall im Volumen des flüssigen Harzes aushärten. Dadurch wird sehr viel Zeit eingespart. Denn so muss die Oberfläche des Modells nicht für die nächste aufzutragende Schicht vorbereitet werden.

Bei der „Zwei-Photonen-Lithographie" wird das Harz an den benötigten Stellen mit einem fokussierten Laserstrahl belichtet und ausgehärtet. Auf diese Art lassen sich ausgehärtete Polymer-Linien bis zu 100 Nanometer – das entspricht einem Durchmesser von weniger als einem Zehntausendstel Millimeter – erzeugen. So wird es möglich, mikroskopisch kleine Details zu drucken. Mit diesem Hochpräzisionsdrucker könnten sich gerade für die Medizintechnik ganz neue Möglichkeiten ergeben.

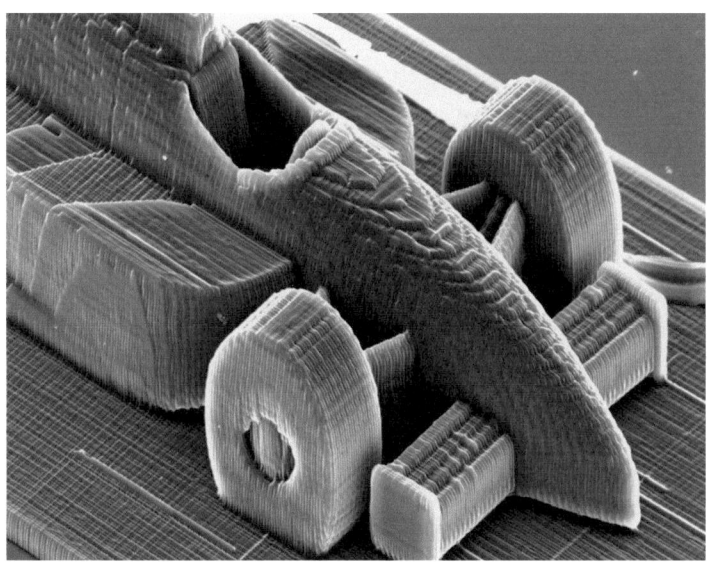

Abbildung 24: Ein Rennauto mit ca. 285 Nanometer Länge, Quelle: TU Wien

Es ließen sich, so ist auf der Webseite der TU Wien zu lesen, bei dieser Genauigkeit sogar fein strukturierte Skulpturen von der Größe eines Sandkorns anfertigen.

Die Wissenschaftler an der TU Wien haben mit dem Verfahren den Wiener Stephansdom in einer Größe von nur etwas über 50 Nanometer ausgedruckt. Dennoch lassen sich Details wie Fenster oder Pfeiler noch erkennen.

Das Beeindruckendste an dem Verfahren ist jedoch die Schnelligkeit des Drucks: „Das Problem war bisher, dass diese Methode recht langsam war", sagt Professor Jürgen Stampfl vom Institut für Werkstoffwissenschaften und Werkstofftechnologie der TU Wien. „Bisher hat man die Druckgeschwindigkeit in Millimetern pro Sekunde gemessen – unser Gerät schafft in einer Sekunde fünf Meter." Damit diese Geschwindigkeit möglich wurde, war es unter anderem notwendig, die Steuerung der Spie-

119

gel zu verbessern, welche während des 3D-Druckvorgangs ständig in Bewegung sind und den Laserstrahl lenken.

In Abbildung 24 ist ein unvorstellbar kleines Rennauto zu sehen, das mit dem an der TU Wien entwickelten High-Speed-Nano-3D-Drucker hergestellt wurde.

„Maker Moms" und Plätzchenbacken mit 3D-gedruckten Hilfsmitteln

Es gibt in Nordamerika den Begriff „Soccer Mom", der sogar schon Eingang ins Deutsche gefunden hat. Gemeint sind damit in der Regel verheiratete und gut ausgebildete Frauen aus der Mittelschicht, die in Vororten leben und schulpflichtige Kinder haben. In den Medien

Abbildung 25: Individuelle Plätzchen, Quelle: Fasterpoly

werden diese Mütter oft etwas klischeehaft dargestellt: Sie fahren einen Minivan und stellen die Interessen ihrer Kinder konsequent über ihre eigenen. Der Begriff „Soccer

Mom" entstand dadurch, dass die Mütter ihre Kinder zum Fußballspielen – welches in den USA als eher elitär gilt – fuhren, dort blieben und ihnen beim Spielen zuschauten und sie anschließend wieder ins Auto packten, um gemeinsam mit ihnen nach Hause zu fahren.

Mittlerweile gibt es die „Maker Mom", aber für diese findet sich im Dezember 2012 noch kein Eintrag in der deutschsprachigen Wikipedia. Im Online-Magazin Wired berichtet Joseph Flaherty Ende 2012 über die Designerin Athey Moravetz, die sich nach der Geburt ihrer zwei Kinder dazu entschloss, von zu Hause aus zu arbeiten. Das Haus von Moravetz ist mit einer ganzen Reihe von MakerBot-3D-Druckern ausgestattet, welche die Entwürfe der Designerin dreidimensional ausdrucken. Ausstechformen für Plätzchen auf dem MakerBot zu drucken und diese bei Etsy zu verkaufen war zunächst nur eine Spaß-Idee gewesen. Kaum umgesetzt, führte sie zu einem überraschenden Verkaufserfolg im Etsy-Shop. Athey Moravetz designt und verkauft Plätzchen-Ausstechformen, die auf der Grundlage von Pokémon-Figuren und anderen Gestalten ersonnen sind. Mütter als Makers, zu Hause ausgestattet mit den Maschinen der dritten industriellen Revolution – damit würde das Maker Movement bis in die Kinderzimmer gebracht.

Bei der Weihnachtsfeier 2012 im Düsseldorfer Coworking Space haben Kollegen aus dem dort angeschlossenen FabLab selbst gebackene Kekse angeboten.

Grundlage für diese waren neben einem ordentlichen Teig die vom FabLab selbst 3D-gedruckten und zuvor von Holger Prang designten Plätzchen-Ausstechformen. Der Düsseldorfer Radschläger sowie die Logos des Düsseldorfer FabLab GarageLab und des Coworking Space GarageBilk lassen sich gut erkennen (Abbildung 25).

Elektronik und 3D-Druck als kombinierte Technologie – bald mehr als bloß Zukunftsmusik

Ein Beispiel: Das unbemannte Flugobjekt „Smart Wing"

Gemeinsam präsentierten die 3D-Drucker-Herstellerunternehmen Stratasys und Optomec mit dem „Smart Wing" im März 2012 eine revolutionäre Kombination zweier Technologien: Das unbemannte Flugobjekt „Smart Wing" wurde mit Hilfe einer Kombination von Elektronik und 3D-Druck hergestellt. Der Flügel des „Smart Wing" wurde dabei mit einem 3D-Drucker der Firma Stratasys mittels des Fused-Deposition-Modeling-Verfahrens produziert. Teile der Elektronik – wie zum Beispiel Schaltkreise, Sensoren oder Antennen – konnten mit dem Aerosol-Jet-System der Firma Optomec direkt aufgedruckt werden. Diese Mischung der beiden Verfahren könnte auch die Produktentwicklung in den Bereichen Unterhaltungselektronik, Medizintechnik, der Automobil- und der Luft- und Raumfahrtindustrie stark beeinflussen und verändern. Die Produktion ließe sich rationalisieren – dadurch, dass durch die Kombination von 3D-Druck und Elektronik sowohl weniger Materialien als auch weniger Arbeitsschritte benötigt würden, um ein Produkt auf den Markt zu bringen.

Die Vision, ein Telefon mitsamt seiner Elektronik zu drucken

Im Juli 2012 hat das britische Wirtschaftsmagazin „Economist" mit dem Artikel „Print me a phone" schon eine Vision zur Massentauglichkeit von Elektronik, die mittels 3D-Druck direkt in Produkte integriert werden kann: Wiederum das Unternehmen Optomec befasse sich damit, Applikationen zu entwickeln, welche es ermöglichen könnten, ein Telefon mitsamt seiner Elektronik zu drucken. Neben den Antennen würde das die Verbindungs-Schaltkreise für den Bildschirm, dreidimensionale Verbindungen für Chips sowie mehrschichtige Schaltkreise und Touchscreen-Teile betreffen. Sogar die Batterie solle druckbar sein. Die größte Schwierigkeit bestehe darin, die Chips zu drucken, welche der „Economist" als das „Gehirn" des Telefons bezeichnet. Diese beinhalten in einem Quadratmillimeter Millionen von Transistoren und werden gegenwärtig in Chipfabriken produziert – welche Milliarden von Dollars kosten und eine sehr aufwendige Technologie einsetzen. Außerdem würde das Integrieren selbst von nur einigen Schaltkreisen die Telefongehäuse nicht nur schlanker machen, sondern zusätzlich die Material- und Montagekosten reduzieren.

Im selben Artikel weist der „Economist" auf das amerikanische Unternehmen Xerox hin, welches in seinem Forschungszentrum in Kanada eine Art Silber-Tinte entwickelt habe, die es ermögliche, flexible elektronische Schaltungen auf Materialien wie Plastik oder Textilien zu drucken. Silber ist als Material teuer und gilt als schwierig zu drucken, weil es erst bei 962 Grad Celsius schmilzt. Die von Xerox speziell entwickelte Silber-Tinte schmelze jedoch schon bei einer Temperatur von weniger als 140 Grad Celsius.

Carbomorph, die Lösung für Makers?

Wenige Monate später – im Dezember 2012 – kann der „Economist" bereits über eine Entwicklung von 3D-Druck und Elektronik als kombinierter Technologie berichten, die Makers aufhorchen lässt. Der Artikel mit dem Titel „Your flexible friend" zeigt neue Dimensionen:

123

Selbstverständlich kann bei Machern ein großes Interesse daran vorausgesetzt werden, auf ihren eigenen preisgünstigen 3D-Druckern elektrische Schaltkreise auszudrucken – ganz so, wie auf den hochpreisigen professionellen 3D-Druck-Anlagen. Der „Economist" berichtet vom Wissenschaftler Simon Leigh und seinen Kollegen an der britischen University of Warwick, deren gerade in der Public Library of Science veröffentlichte Forschungsergebnisse genau das ermöglichen könnten. Dr. Leigh hat etwas Ähnliches wie die für professionelle Anlagen geschaffene Silber-Tinte für Do-it-yourself-3D-Drucker entwickelt. Bei dem Material handelt es sich um eine Art Tinte, die aus Ruß und Polyester hergestellt ist. Der Ruß ist Kohlenstoff, der beispielsweise aus der unvollständigen Verbrennung von organischen Stoffen, wie zum Beispiel Holzteer, entsteht. Dieses sich daraus ergebende Material ist elektrisch leitfähig, allerdings nicht so gut wie Metalle. Durch das Hinzufügen von Polyesterkörnchen wird der Rohzustand des Materials, das Simon Leigh als Carbomorph bezeichnet, erzeugt. Die geschmolzene Variante des Materials extrudiert Dr. Leighs 3D-Drucker, ein preiswerter 3D-Drucker für Macher. Dieser FDM-Drucker presst ein dünnes, geschmolzenes Filament aus einer heißen Düse, um das gewünschte Bauteil schichtweise herzustellen. Als Rohmaterial eignet sich Carbomorph gerade deshalb so gut, weil sein Polyesteranteil schmilzt, sobald das Material – im Vergleich zu Metallen nur sehr gering – erhitzt wird. Nützlich sind auch die Eigenschaften von Carbomorph: Unter mechanischer Belastung, wie beispielsweise Dehnung, erhöht Carbomorph seinen elektrischen Widerstand. Dadurch kann ein elektrischer Sensor für mechanische Größen erzeugt werden.

Das Material Carbomorph könnte ebenfalls für kapazitives Abtasten genutzt werden. Das ist das Prinzip, welches Touchscreens bei Smartphones zu Grunde liegt. Das bedeutet, dass das Berühren einer Fläche aus Carbomorph mit den Fingern dort die elektrische Kapazität auf solche Art verändert, dass sie leicht mit einem entsprechenden elektrischen Schaltkreis nachweisbar ist. Obwohl Simon Leigh dieses elektrische System zur Fingererkennung so noch nicht drucken kann, sei es nicht schwierig, mit Hilfe eines Arduino-Chips eines herzustellen. Zum Arduino-Chip, einem preisgünstigen, besonders gern von Makers genutzten Open-Source-Mikrocontroller, erläutere ich mehr in dem Kapitel, in welchem ich über FabLabs schreibe. Der „Economist" lobt Dr. Leighs Erfindung zusätzlich dafür, dass er einen Computerspiel-Controller gedruckt habe, welcher in seinen Knöpfen Carbomorph nutze. Das bedeute, dass Macher, die sich gleichzeitig gern mit Computerspielen beschäftigen, jetzt zwei Hobbys zum Preis von einem genießen könnten.

Der verbesserte Workflow bei 3D-Druck würde die industrielle Revolution noch beschleunigen – Fabriken der Zukunft?

Forschungsgruppe TNO: Print Valley

Die unabhängige Forschungsgruppe TNO, die ihren Sitz in den Niederlanden hat, stellte bereits auf der EuroMold 2011 eine neuartige Produktionsmaschine mit dem Namen Print Valley vor: Mit dieser Art Hochleistungs-3D-Drucker ließe sich wie am Fließband produzieren: 100 Plattformen bewegen sich dabei kontinuierlich um ein Karussell. Dabei soll der 3D-Drucker gleichzeitig Plastik, Metall oder Keramik verarbeiten und so Schicht für Schicht komplette Produkte aus unterschiedlichen Materi-

alien zur gleichen Zeit herstellen können. Die Maschine funktioniert mit einer beweglichen Kette, die aus unterschiedlichen Druckköpfen besteht. So soll es mit diesem Hochleistungsdrucker möglich werden, nicht nur Objekte, sondern sogar auch Elektronik zu drucken. Selbst Lebensmittel sollen damit gedruckt werden können.

Voxeljet: Endlosdrucker

Auf der EuroMold-Messe in Frankfurt präsentierte das Unternehmen Voxeljet Ende 2012 seinen serienreifen 3D-Endlosdrucker VXC800. Dieser weltweit erste kontinuierlich arbeitende 3D-Drucker produziert mit dem Pulverdruckverfahren und ist in Abbildung 26 dargestellt.

Bei der sehr großen, rund zwanzig Meter langen Anlage, laufen die Prozesse des Druckens und des Entfernens aus dem Pulver, das Entladen der fertigen Bauteile, gleichzeitig, so dass der Betrieb des 3D-Druckers nach der Fertigstellung eines Objekts nicht unterbrochen werden muss. Auf diese Weise wird die Herstellung noch schneller und flexibler als zuvor. Diese neue – vom Unternehmen patentierte – Art des Aufbaus funktioniert dadurch, dass am Eingang des Bandförderers ein Schichtaufbau auf einer geneigten Fläche aus Pulver stattfindet, das Bauteil wird zusammen mit dem unverfestigten Pulver durch den Drucker weiterbefördert und am Ausgang entpackt. Die Länge des Förderwegs entspricht der maximalen Baulänge. Gleichzeitig wird von dem gedruckten Objekt am Ausgang des Druckers das nicht verbaute Material entfernt. Dieses kann für den Druck weiterer Bauteile recycelt werden.

Dr. Ingo Ederer, Geschäftsführer von Voxeljet Technology, beschreibt die Entwicklung des ersten 3D-Endlosdruckers für die gesamte Branche als Meilenstein.

Die maximale Baubreite beträgt 850 Millimeter, die Bauhöhe 500 Millimeter. Gedruckt wird in Schichtstärken zwischen 150 µm und 400 µm.

Während es bislang so war, dass 3D-Drucker auf einen genau vorgegebenen Bau-Raum in Länge, Breite und Höhe begrenzt waren, hat der kontinuierlich arbeitende VXC800 keine Längenbeschränkung mehr. So wird insbesondere die Herstellung von Formen für den Metallguss noch wirtschaftlicher.

Durch das parallele Bauen und Entpacken sowie den Entfall der Baubehälter entstehen niedrigere Investitions- und Betriebskosten. Hinzu kommt, dass das unbedruckte Partikelmaterial direkt aus dem Entpackbereich in die Bauzone zurückgeführt wird und aus diesem Grund kontinuierlich wiederverwendet wird.

Der wirklich große Durchbruch wäre es sicherlich, wenn alle sich auf dem Markt befindenden 3D-Drucker serienmäßig kontinuierlich arbeiten könnten und der Workflow nicht unterbrochen würde.

Dieses Verfahren wird als continuous Additive Manufacturing (cAM) bezeichnet. Dabei werden Materialschichten schräg zur Bauplattform nach und nach aufgebracht und schichtweise selektiv miteinander verbunden. Das Verbinden geschieht mittels eines Lasers (SLM oder SLS), mit UV-Strahlung (SLA), durch Abkühlung in der schmelzflüssigen Phase (FDM) oder dadurch, dass Partikelmaterial mit einem Binder verfestigt wird. Das Revolutionäre an der cAM-Technologie ist, dass gleich drei Probleme des klassischen Additive Manufacturing beseitigt werden: lange Rüstzeiten, lange Fertigungszeiten und die Beschränkung auf den relativ kleinen Bau-Raum der gegenwärtigen Additive-Manufacturing-Anlagen. Ein größerer Bau-Raum ist insbesondere im Bereich der Luft- und Raumfahrt von hoher Bedeutung.

Auch die wirtschaftliche Herstellung von Designermöbeln wird mit 3D-Druck möglich

In geringen Stückzahlen hergestellt, ist es inzwischen sogar wirtschaftlich, Designermöbel mit Hilfe des 3D-Druck-Verfahrens zu produzieren. Diese Möglichkeit ist sicher für Makers interessant. Als Beispiel für 3D-gedruckte Designermöbel stellt das Unternehmen Voxeljet auf seiner Internetseite den mit einem Voxeljet-Hochleistungsdrucker produzierten Stuhl Batoidea – das bedeutet auf Deutsch „Rochen" – vor. Dieser Designer-Stuhl aus Aluminium-Guss ist ein Werk des belgischen Star-Designers Peter Donders. Insgesamt waren für die Herstellung des Stuhls, der aussieht wie ein schwebender

Rochen, fünf Sandformteile erforderlich. Die Dimensionen des größten Formteils lagen dabei bei 1.105 x 713 x 382 Millimetern. Das ist immens groß für ein 3D-gedrucktes Bauteil. Allerdings ermöglichen die größten 3D-Druck-Anlagen des Unternehmens mittlerweile den Bau von Formen mit einem noch größeren Volumen.

Fotobücher und Books on Demand

Fotobücher

Jeder kennt mittlerweile selbst gemachte Fotobücher. Diese werden millionenfach gedruckt, und das Angebot von Drogeriemarktketten und vielen anderen Anbietern wird in einem immer größeren Umfang von zahlreichen Privatpersonen genutzt. Aus diesem Grund möchte ich die Produktion von privaten Fotobüchern als Teil des Maker Movement nicht ausführlich erklären. Die Fotos werden digital hochgeladen. Anschließend kann man sich bei einem Dienstleister ein individuelles Buch mit den eigenen Bildern herstellen lassen. Selbst wenn es noch nicht jeder gemacht hat, hat doch jeder schon davon gehört. Auf der Webseite www.fotobuchberater.de sind ausführliche Informationen, Tipps und Ideen zur Produktion von privaten Fotobüchern zu finden – und nicht zuletzt auch Empfehlungen zu Anbietern der Dienstleistung.

Books on Demand

„Books on Demand" dagegen haben bisher noch nicht in überwältigendem Maß Verbreitung gefunden, obwohl auch hier die Herstellung selbst für Laien zunehmend leichter ist und sich die Qualität der Endprodukte in den letzten Jahren enorm verbessert hat.

Ein „Book on Demand" (englisch für „Buch auf Bestellung") ist ein Buch, das im Gegensatz zum Offset-Druck mit seinen hohen Auflagen nur als digitale Vorlage bei einem Dienstleister gespeichert ist und das erst dann gedruckt wird, wenn es bestellt worden ist. Inzwischen gibt es in Deutschland mehrere Unternehmen, welche diese Dienstleistung anbieten. Auf eines, mit dessen Hilfe ich mein erstes Buch veröffentlicht habe, möchte ich näher eingehen, um daran das Verfahren und die Arbeitsabläufe genauer zu erklären. Seit Ende der neunziger Jahre ermöglicht das deutsche Unternehmen Books on Demand GmbH mit der Books-on-Demand-Technologie jedem, der etwas veröffentlichen möchte, sein eigenes Buch zu verlegen. Zu im Verlauf der Jahre immer günstiger gewordenen preislichen Konditionen kann jeder, der etwas mitzuteilen hat, Autor sein. Ist das Buch mit einer ISBN-Nummer und einem Barcode ausgestattet, die mitgekauft werden können, lässt es sich weltweit sowohl als Print- als auch als Online-Version vertreiben. Books on Demand und E-Book-Shops helfen bei der Verbreitung des Werks. Das heißt: Ganz wie ein „richtiges" Buch von der Bestsellerliste können Macher ihr selbst verfasstes Werk sogar überall verkaufen. Sei dies online – zum Beispiel bei Amazon – oder beim lokalen Buchhändler. Zurzeit ist die Books on Demand GmbH mit Sitz in Norderstedt bei Hamburg europäischer Marktführer in der digitalen Buchproduktion. Über die Webseite des Unternehmens lassen sich natürlich ebenfalls die Bücher bestellen, und Books on Demand erstellt dafür kostenlos für jeden Autor eine Books-on-Demand-Internetseite, auf welcher Informationen zum Werk selbst sowie auch zum Autor zusammengefasst sind. Ein Beispiel dafür ist in Abbildung 27 zu sehen.

Das Book-on-Demand- oder auch Print-on-Demand-Modell ist eine Art Just-in-Time-Produktion auf dem Buchmarkt, die nicht nur von Privatpersonen oder Makers, sondern zunehmend sogar von renommierten Verlagen in Anspruch genommen wird. Dass die Bücher digitalisiert sind und erst bei Bestellung gedruckt werden, bietet Autoren viele Vorteile: Es entfällt das Risiko, große Auflagen vorzufinanzieren und möglicherweise bei ausbleibendem Verkaufserfolg auf den Ausgaben für die gedruckten Bücher und den Lagerkosten sitzen zu bleiben. Bei Books on Demand muss der Autor mittlerweile nicht einmal mehr eine Mindestauflage des Buchs, das er digital hat produzieren lassen, bestellen. Er kann aber, und es darf auch ruhig nur ein einziges Exemplar sein. So wird es möglich, selbst Unikate zu produzieren – die Herstellung im Book-on-Demand-Verfahren lohnt sich damit bereits für kleinste Auflagen. Sehr vorteilhaft ist der Nachhaltigkeitseffekt, den diese Art von Buchproduktion mit sich bringt: Beim Book-on-Demand-Verfahren werden keine zu viel produzierten, irgendwann veralteten und damit als wertlos und überflüssig eingeschätzten Bücher vernichtet. Kurz gesagt: Bei diesen Büchern gibt es keine Makulatur. Das wiederum schont sowohl Ressourcen als auch die Umwelt.

Die Produktion des Buchs wird vom Autor über die Webseite des Unternehmens online selbst übernommen. Je mehr der Autor selbst macht, desto günstiger ist der Preis für die Buchherstellung. Möglich aber ist es ebenfalls, über das Unternehmen Books on Demand Leistungen zuzukaufen, welche der Verfasser entweder nicht übernehmen kann oder nicht übernehmen möchte. Das können zum Beispiel Lektorats- oder Layout-Services sein oder die Bereitstellung eines persönlichen Ansprechpartners bei Books on Demand, welcher den Autor bei der

Produktion des Werks begleitet und berät. Ob als Taschenbuch oder als Hardcover, mit oder ohne Bilder, wann und ganz genau wie das Buch produziert wird, ist allein dem Macher überlassen. Ebenso behält allein der Autor das Urheberrecht und entscheidet, zu welchem Preis das Werk verkauft wird – und wie hoch die Gewinnspanne pro verkauftem Buch und damit das eigene Honorar sein soll.

Ob das Book-on-Demand-Verfahren auch Nachteile hat? Es steht fest, dass die Herstellung eines eigenen Buchs sehr viel Aufwand bedeutet, wenn der Autor all die Arbeiten, welche sonst der Verlag übernimmt, selbst leistet. Allerdings muss das für Macher nicht ein Nachteil sein. Ein Nachteil bei der Produktion eines Buchs auf Bestellung ist sicher, dass die Lieferzeiten länger sind, als wenn Kunden ein traditionell hergestelltes und über einen herkömmlichen Verlag vertriebenes Buch ordern, welches schon als fertiges Werk in einem Lager liegt. Denn das „Book on Demand" eines unbekannten Autors wird kaum bei einem Händler auf Lager sein, so dass durch den ganzen Prozess des Bestellens und im Anschluss daran erst Druckens einige Zeit verstreichen wird. Kunden möchten aber in der Regel schnell bedient werden und nicht bis zu zwei Wochen auf ein bestelltes Buch warten müssen. Ein weiterer Nachteil ist der, dass ein Autor, der ein Book on Demand veröffentlicht hat, die Werbung für sein Werk selbst machen muss. Das trifft jedoch auf alle Produkte der Macher-Bewegung zu und definiert im Grunde das Selbstmachen: Für jedes eigene Produkt wird das komplette Marketing einschließlich Werbung selbst übernommen. Einen ganz gravierenden Nachteil gibt es meiner Einschätzung nach für alle, die auf eigene Rechnung ihre Bücher veröffentlichen möchten: Fachverlage haben sich über lange Zeit etabliert. Das bedeutet folglich, dass ein potenzieller Leser, der zum Beispiel ein Fachbuch bestellen möchte, genau weiß, in welchem Verlag er die für ihn geeignete Lektüre suchen muss. Für ein wissenschaftliches Fachbuch ist ein renommierter Wissenschaftsverlag die Visitenkarte. Leser wissen das und gehen davon aus, dass der Fachverlag eine Vorauswahl getroffen und die „Spreu vom Weizen" getrennt hat. So dass ein Buch, das in einem Fachverlag erscheint, gewissen Qualitätsansprüchen genügen wird. Ein im Book-on-Demand-Verfahren gedrucktes Buch kann außerordentlich gut und von der gleichen Qualität sein – aber wie soll der Leser es finden und vor allem vor dem Kauf als seinen Qualitätsansprüchen gerecht werdend einstufen können? Das ist das Grundproblem, welches sich daraus ergibt, wenn jeder Bücher veröffentlichen kann: Es wird für den Leser sehr schwierig, vor dem Kauf die Qualität einzuschätzen.

Im Juli 2000 habe ich mit Books on Demand mein erstes Buch veröffentlicht. Zu dem Zeitpunkt befand sich das Selbstmachen von Büchern noch in der Anfangsphase, was eine Herstellungsnummer unter 2.000 nahe legt. Alles allein zu machen und schließlich für eine verhältnismäßig geringe finanzielle Investition und damit ohne unternehmerisches Risiko das selbst geschriebene Werk professionell gedruckt zu bekommen, hatte längst noch keinen Massenmarkt gefunden. Im Jahr 2000 war das ganze Verfahren von der Abwicklung recht schwierig, zumindest meiner eigenen Wahrnehmung entsprechend. Es dauerte lang, bis ich das fertige Buch in den Händen hielt. Die Nummer meines bei der Books on Demand GmbH hergestellten Buchs „Zum Affen gemacht werden" im November 2012 ist 967.451. Das bedeutet, dass die Anzahl der produzierten Bücher in den letzten zwölf Jahren enorm gestiegen ist.

Eine Woche nachdem ich mein im November 2012 produziertes Buch bei Books on Demand als PDF-Dokument hochgeladen hatte, brachte mir der Paketdienst die zehn bestellten Exemplare des gedruckten Werks ins Haus. Die Kürze der Zeit, die zur professionellen Produktion eines eigenen Buchs benötigt wurde, hat meine Erwartungen bei Weitem übertroffen.

Und die Qualität? Die Qualität des Drucks halte ich für professionell und vergleichbar mit der, die man bei vielen Büchern aus bekannten Verlagen kennt. Was jedoch die Qualität des gedruckten Inhalts betrifft: Die ist jedem selbst überlassen. Wer als Autor alles allein macht und die Books-on-Demand-Leistung nur für das Mastering – das heißt das Umwandeln der PDF-Datei in die fertige Buchdruckvorlage – in Anspruch nimmt, bekommt genau das, was er bestellt hat. Wer keinen Korrektoratsservice dazu gebucht hat, kann nicht ausschließen, dass mit dem in der Regel zum eigenen Werk fehlenden Abstand noch ein paar Tipp- oder Rechtschreibfehler vorhanden sind. Wer kein professionelles Blickfang-Cover für den Bucheinband selbst herstellen kann, sollte vielleicht jemanden beauftragen, das zu übernehmen. Damit nicht der ausgezeichnete Inhalt des Buchs untergeht, nur weil seine Präsentation mit einem schmucklosen Einband auf entsprechenden Inhalt schließen ließ. Jeder kann, aber niemand muss bei dem Produktionsprozess alles selbst machen.

Abbildung 27: Beispiel für Books-on-Demand-Autorenseite, Quelle: Books on Demand

Das Unternehmen Books on Demand hat im Jahr 2011 für sein Publikationskonzept, mit dem es entscheidend zur Weiterentwicklung des Buchmarkts beiträgt, den QUERDENKER-Award gewonnen. Dieser Preis wurde vom QUERDENKER-Club verliehen, welcher mit mehr als 300.000 interdisziplinären, kreativen Entscheidern und Machern zu den größten Wirtschaftsvereinigungen in Deutschland, Österreich und der Schweiz gehört. Books on Demand wurde in der Kategorie „Hidden Champion" ausgezeichnet. Diese Auszeichnung wird Unternehmen zuteil, die entweder in Nischenmärkten führend oder in sehr großer Geschwindigkeit gewachsen sind.

Praktische Anwendungen, mit Bildern illustriert: Jugendstil-Stuck, selbst produziert

In diesem letzten Teil des Buchs soll einmal ein praktisches Beispiel für das Machen gezeigt werden.

Für ein altes Jugendstilhaus aus dem Jahr 1909 haben wir selbst Stuck produziert.

Von außen wies das Haus noch eine stolze, mit Stuck verzierte Jugendstilfassade auf, von innen war es verelendet. Bevor wir es zu entkernen begannen, hatte es mehr als ein halbes Jahrzehnt lang leer gestanden und war damit dem Verfall überlassen gewesen. Feuchtigkeit hatte im Lauf der Jahre dafür gesorgt, dass es innen teilweise verschimmelt war. Das Auffälligste und Unerfreulichste für uns aber war: Von 1909 an hatten durch alle Jahrzehnte hinweg immer wieder die Bewohner den Moden der jeweiligen Zeit entsprechend das Innere des Hauses gestaltet. So waren offenbar in den siebziger Jahren des vergangenen Jahrhunderts großflächig an Decken und Wänden Holzverkleidungen befestigt worden.

Beim Freilegen der Decken kam über Jahrzehnte versteckter Stuck hervor. Stark verschmutzt, aber nicht beschädigt.

Abbildung 28: Das Werkzeug wurde mit einem 3D-Drucker produziert, Quelle: Fasterpoly

Wir fassten den Entschluss, dieses Haus auch innen in Anlehnung an seinen ursprünglichen Stil zu gestalten. Der dafür erforderliche Stuck sollte nicht gekauft, sondern selbst hergestellt werden. Der 3D-Drucker meiner Firma Fasterpoly konnte dabei helfen.

Fehlende Werkzeuge wurden entweder mit dem 3D-Drucker erzeugt oder als Form aus Holz gefertigt.

Grundlage für das weiße Werkzeug war ein dreidimensionales CAD-Volumenmodell. Bei der Zeichnung wurde von dem fertigen Stuck ausgegangen und durch Subtraktion das Werkzeug generiert.

Die CAD-Zeichnung wurde ins STL-Format exportiert – und aus diesen Daten erwuchs, Schicht für Schicht, auf einem 3D-Drucker in einem haltbaren Kunstharz das Werkzeug. Abbildung 28 zeigt das weiße 3D-gedruckte

Abbildung 29: Die selbst gebauten Formen für den Stuck, Quelle: Fasterpoly

Werkzeug.

Aus Spanplatte wurde diese Form (Abbildung 29), in welche der Gips gefüllt werden soll, gesägt und zusammengeklebt. Es empfahl sich, direkt eine zweite davon zu basteln, weil sich so gleichzeitig zwei Stuckteile derselben Art herstellen lassen. Es lohnt sich dann, eine größere Menge Gips anzurühren.

Das ist alles, was an Vorarbeit notwendig ist.

An Arbeitsmaterial wird sonst noch benötigt: ein paar Kilo Gips (einfacher Modellgips für Bau und Hobby); eine Schale, um den Gips mit Wasser anzurühren; ein Kuchenspatel, um die Gipsmasse zu verteilen; Öl oder eine billige Creme und ein paar Mullkompressen.

Schon kann es losgehen: Zuerst wird alles eingecremt – sowohl die Form als auch das Werkzeug. Der Grund dafür ist, dass der Gips nicht haften bleiben soll und das fertige Teil sich von den zuvor eingecremten Gegenständen leicht wieder ablösen lässt.

Schließlich wird das Gipspulver zusammen mit Wasser in einer Schüssel angerührt. Der Gips darf weder zu fest noch zu flüssig sein. Vor allem muss er schnell verarbeitet werden, damit er nicht auszuhärten beginnt, bevor er die gewünschte Form hat.

Mit einem Kuchenspatel wird die Gipsmasse – wie Abbildung 30 zeigt – gleichmäßig in der Form verteilt.

Jetzt kommt endlich das 3D-gedruckte Werkzeug zum Einsatz: Dieses wird gleichmäßig und mit nur sehr leichtem Druck von vorn nach hinten über die Gipsmasse gezogen. Dadurch, dass das Werkzeug eingecremt ist, bleibt der Gips nicht haften und das Werkzeug gleitet leichter. Übrigens muss zügig gezogen werden (siehe Abbildung 30) – nur so ist es wahrscheinlich, dass ein gleichmäßiges Erscheinungsbild erlangt wird. Jedes Absetzen zwischendurch könnte Löcher und Dellen in dem Werkstück erzeugen.

Das Ergebnis kann sich sehen lassen (Abbildung 31).

Abbildung 30: Schnell muss der Gips glattgezogen werden, Quelle: Fasterpoly

Abbildung 31: Der fertige Stuck, Quelle: Fasterpoly

So sieht das in dem alten Haus aus, wenn es fertig ist.

Abbildung 32: An der Decke des Hauses von 1909 hängt der selbst gefertigte Stuck, Quelle: Fasterpoly

Mit Hilfe eines 3D-gedruckten Werkzeugs wurde übrigens auch der runde Stuck in Abbildung 31 und Abbildung 32 gefertigt.

War früher neben der eigentlichen Herstellung des Stucks der Formenbau eine größere Herausforderung, so ist mit dem digitalen Tool CAD für den Entwurf und 3D-Druck für den Werkzeugbau dieser Schritt wesentlich einfacher geworden.

Ausblick

Die dritte industrielle Revolution wird kommen. Sie hat schon begonnen, daran besteht nicht allein aus meiner Sicht, sondern ebenso nach den zahlreichen in diesem Buch zitierten Experten-Meinungen kein Zweifel. Die neuen Herstellungsmöglichkeiten, insbesondere die Hochtechnologie 3D-Druck, werden die Welt verändern. In welchem Ausmaß das geschehen wird, kann sicherlich niemand zu diesem Zeitpunkt einigermaßen verlässlich prognostizieren.

Was aber wird aus der Maker-Bewegung werden? Es ist Anfang 2013, als ich diese Zeilen schreibe. Meiner eigenen Einschätzung nach hat das Maker Movement Deutschland bisher noch nicht in vollem Schwung erreicht. Es wird weiterhin viel passieren, sich einiges rasant weiterentwickeln, bis ein Höhepunkt erreicht ist. Und dann?

Wird die Bewegung der Macher nur eine vorübergehende Mode sein oder wirklich Teil einer dritten industriellen Revolution bleiben und möglicherweise sogar Teil eines sich verändernden Wirtschaftsmodells? Sicher ist, dass verringerte Markteintrittsbarrieren es schon jetzt erleichtern, Unternehmer zu werden. Die Frage ist nur, wie viele der Macher letztendlich Unternehmer werden wollen. Denkbar ist auch, dass – wie es jetzt schon mit Software oder Filmen im Internet geschieht – sehr viele Makers ihre Pläne und Ideen preisgeben und der Öffentlichkeit kostenlos zur Verfügung stellen werden. Ganz ohne die Absicht, etwas daran zu verdienen. So würden die Macher die Weltwirtschaft nicht wesentlich verändern. Oder werden aus der Macher-Bewegung zahlreiche neue Projekte und Produkte entstehen, welche langfristig einen entscheidenden Einfluss auf die Weltwirtschaft haben werden? So zum Beispiel wie das mittlerweile weltweit verwendete und auch kommerziell erfolgreiche Open-Source-Software-Betriebssystem Linux, das heute von Software-Entwicklern in der ganzen Welt weiterentwickelt wird? Die tatsächlichen Entwicklungen werden sich in den nächsten Jahren zeigen.

Webseiten, die für Makers interessant sein könnten

Eine kleine Auswahl

Ich hoffe natürlich, dass alle von mir in diesem Buch genannten Seiten und Hinweise den Leserinnen und Lesern nützlich sind. Im Verlauf des Buchs sind einige Artikel und Webseiten genannt und ausführlich beschrieben. Alle Quellen, auf die ich zurückgegriffen habe, werden noch einmal weiter hinten als Quellen genannt. An dieser Stelle führe ich noch einige Links von Webseiten auf, aus welchen ich keine Informationen in dem Buch zitiert habe, von denen ich aber denke, dass sie wertvolle Anregungen für Macher enthalten. Diese Seiten sind mir bei der Recherche für dieses Projekt aufgefallen, oft einfach durch Zufall oder weil ich von einer anderen Seite auf sie weitergeleitet wurde. Den Monat, in welchem ich sie abgerufen habe, füge ich hinzu – weil Webseiten zumeist viel schneller verschwinden können als gedruckte Bücher. Ob alle Seiten noch abrufbar sind, wenn Sie dieses Buch in der Hand halten, kann ich nicht garantieren. Ich habe die Inhalte der Webseiten nicht auf Wahrheit und eventuell tendenziöse Meldungen überprüft. Ob die Selbstbau-Anleitungen alle umsetzbar und empfehlenswert sind, konnte ich natürlich auch nicht im Einzelfall nachvollziehen. Ich habe die Webseiten gefunden, angeschaut und für interessant gehalten. Viele der Seiten sind auf Englisch.

www.craftmanspace.com, abgerufen im Dezember 2012: Bietet kostenlose gebrauchte Bücher, Bauanleitungen, CAD-/CAM-/CAE-Software, 3D-Modelle.

www.knowable.org, abgerufen im Januar 2013: Eine Seite von Makers für Makers zum gegenseitigen Austausch von Bau- und Bastelanleitungen.

www.buildyourcnc.com, abgerufen im Dezember 2012: Sehr hilfreiche Seite für alle, die schon einmal darüber nachgedacht haben, sich ihre eigene CNC-Maschine selbst zu bauen. Der Autor der Webseite, Patrick Hood-Daniel, hat zusammen mit James Floyd Kelly außerdem ein Buch mit dem Titel „Build Your Own CNC Machine" geschrieben.

www.nortd.com, abgerufen im Januar 2013: Nortd definiert sich als ein auf Zusammenarbeit beruhendes Kreativ-Studio, das sich mit Wissenschaft, Kunst und Design beschäftigt. Nach eigener Aussage ist die Open-Source-Hardware von Nortd bereits von Individuen, Hackerspaces und Universitäten in der ganzen Welt gebaut und genutzt worden. Nortd ist der Ansicht, dass Menschen global zusammenarbeiten und lokal produzieren sollten. Besonders interessant fand ich das Angebot, den Open-Source-Laser-Cutter LASERSAUR nach Anleitung selbst zu bauen.

www.technologywillsaveus.org, abgerufen im Dezember 2012: Die Seite ist für Makers gedacht und soll ihnen dabei helfen, kreativ mit Technik zu experimentieren. Es gibt viele kleine Do-it-yourself-Elektronikbausätze zu kaufen und außerdem manch einen nützlichen Hinweis.

www.garage-lab.de, abgerufen im Dezember 2012: Das FabLab in Düsseldorf.

FabLabs gibt es in vielen anderen Städten in Deutschland, ebenso in Österreich und in der Schweiz. Es werden immer mehr. Wer ein FabLab besuchen möchte, sollte in seiner eigenen Stadt oder der Nähe davon suchen – bis zum nächsten FabLab wird es nicht weit sein.

www.grrf.de, abgerufen im Januar 2013: Die German RepRap GmbH entwickelt und vertreibt Komponenten, Materialien sowie ganze Bausätze für kostengünstige 3D-Drucksysteme, unter anderem auch den RepRap-Selbstbaudrucker.

www.hackerspaceshop.com, abgerufen im Dezember 2012: Ein junger Onlineshop, der Produkte aus Hackerspaces verkauft. Makers können kaufen, aber ebenso die Plattform nutzen, um ihre eigenen Produkte dort anzubieten und zu verkaufen.

www.hackengineer.com, abgerufen im Januar 2013: Ideen und Tipps für Hacker. Besonders viele Tutorials zu den neuesten Technologietrends – seien dies Themen wie Robotik oder auch die Anleitung zum Bau eines eigenen 3D-Scanners.

www.hackaday.com, abgerufen im Januar 2013: Hack a Day ist ein im Jahr 2004 gegründetes Online-Magazin, das – wie der Name schon suggeriert – jeden Tag einen „Hack" veröffentlicht. Hier bedeutet ein „Hack" eine Modifizierung eines Produkts oder einer Software. Oder auch das Schaffen von etwas komplett Neuem zum Zweck der Bequemlichkeit oder aus bloßer Kreativität heraus.

www.evilmadscientist.com, abgerufen im Dezember 2012: Hier gibt es Bedarf für Bastler und Makers zu kaufen, alles Mögliche an Elektronik zum Selbstzusammenbau – oder auch so praktische Dinge wie „The Original Egg-Bot Kit", einen CNC-Kunst-Roboter (Open Source) für Anfänger, der Ei-förmige Objekte bemalen kann. Evil Mad Scientist wirbt mit „Do it yourself und Open-Source-Hardware für Kunst, Bildung und Weltherrschaft".

www.geek.com, abgerufen im Januar 2013: Hier lässt sich Elektronikbedarf kaufen, aber es lassen sich eben auch Anregungen finden, was man alles basteln kann. Außerdem werden Hilfestellungen bei der Auswahl von Geräten gegeben.

www.richrap.com, abgerufen im Januar 2013: RichRap ist nach eigenen Angaben Ingenieur, Designer Verkäufer und Problemlöser. Seine Internetseite ist für Makers, die sich mit Do-it-yourself-3D-Druckern und Konstruktion beschäftigen. Außerdem hat RichRap auf seiner Webseite jede Menge weiterer nützlicher Links für Macher im Bereich 3D-Druck zusammengefasst.

www.makerlove.com, abgerufen im Dezember 2012: Diese Seite ist durchaus ernst gemeint und bietet die Möglichkeit, kostenlos Sexspielzeug als 3D-Volumenmodelle herunterzuladen, um es sich selbst auszudrucken. Anmerkung der Autorin: Makers, die diese Open-Source-Möglichkeit in Anspruch nehmen wollen, sollten sich vorher verlässlich über die medizinische Verträglichkeit des Bau-Materials ihres 3D-Druckers sowie über die Beschaffenheit der Oberflächenqualität der ausgedruckten Objekte informieren.

www.makielab.com, abgerufen im Dezember 2012: MakieLab stellt Spielzeug und Spiele her und hat seinen Sitz in Shoreditch, London. Es wird versucht, schon Kindern Technik (auch 3D-Druck) nahe zu bringen.

„You design it – we make it", verspricht MakieLab den Kindern: Die so genannten „Makies" sind 3D-gedruckte Action-Puppen, für die es verschiedene Grundmodelle gibt, deren Details – wie zum Beispiel die Augen, die Nase, den Mund, die Haare sowie sogar die Breite des Lächelns und die Form der Hände – die Kinder selbst auswählen dürfen. Die ausgedruckte Makie-Figur wird vor dem Verschicken noch mit ein wenig Stoffkleidung attraktiv angezogen. Natürlich können die Figuren auch mit unterschiedlichster Elektronik ausgestopft werden. Die passende Größe haben die Makies laut Auskunft der Webseite für Lilypad Arduino Sets.

www.maqet.com, abgerufen im Dezember 2012: Auch hier können Kunden sich nach ihren eigenen Vorstellungen dreidimensional Figuren online gestalten und aus einem umweltfreundlichen, Keramik-ähnlichen Material ausdrucken lassen. Die Grundmodelle sind bereits vorgegeben.

www.crayoncreatures.com, abgerufen im Januar 2013: Ein Designer und Maker hatte die Idee, aus zweidimensionalen Kinderzeichnungen 3D-Figuren auszudrucken und bietet diese Dienstleistung an. Kunden können Kinderzeichnungen dafür einschicken – oder vielleicht einfach auf die Webseite schauen, um zu sehen, wie die Idee umgesetzt wird.

www.continuumfashion.com, abgerufen im Januar 2013: Nach eigenen Angaben das erste Fashion Label der Welt, das komplett durch Crowdfunding finanziert wurde. Mit Hilfe der 3D-Design-Schnittstelle des Unternehmens können Makers ihre eigene Mode designen, ihre selbst entwickelten Kleidungsstücke an das Unternehmen übermitteln und sich ihren Vorstellungen entsprechend herstellen lassen.

www.shapesinplay.com, abgerufen im Dezember 2012: SHAPES iN PLAY ist ein Büro für Produktdesign mit erklärtem Fokus auf der Gestaltung emotional und materiell nachhaltiger Produkte. Hier wird sehr interessantes Design mit 3D-Druck gemacht. Die Bandbreite bewegt sich vom klassischen Produktdesign bis an die Schnittstellen zu Technologie, Kunst und Kunsthandwerk. Ein Blick auf die Webseite lohnt sich auf jeden Fall.

www.ikeahackers.net, abgerufen im Dezember 2012: Eine recht lustige und informative Seite für Makers. Auf Grundlage von Ikea-Möbeln werden neue Produkte geschaffen. Kurz gesagt: Ein Maker könnte sich zum Beispiel einen Ikea-Standard-Stuhl kaufen und diesen kreativ zu einem Thron umbasteln. Oder eine große, an vielen Seiten offene Ikea-Vorratsbox als Tiertransportbehälter umfunktionieren. Selbstverständlich gibt es wiederum die Möglichkeit, all diese Kreationen mit anderen online zu teilen.

www.lifehacker.com, abgerufen im Dezember 2012: Auf der Seite gibt es alle möglichen Hinweise und Tipps für Elektronik-Hacks.

www.steampunkworkshop.com, abgerufen im Januar 2013: Die Seite zeigt einige Spaßprojekte zum Nachahmen oder Maker-Produkte zum Kaufen. Zum Beispiel im Rahmen von „Wearable Technologies" (übersetzt: Tragbare Technologien): Einen Rock, auf den ein LED-Streifen genäht wurde. Die LEDs werden per Kompass-Chip und Mikrocontroller auf solche Art angesteuert, dass jeweils die LEDs aufleuchten, welche nach Norden zeigen. Der Rock heißt deshalb „North Skirt" und ist ein Kompass zum Tragen.

www.protolabs.de, abgerufen im Dezember 2012: Proto Labs bietet die Dienstleistung CNC-Fräsen und

Spritzgießen in kleinen Stückzahlen an. Kunden laden ihr 3D-CAD-Modell hoch und erhalten ein automatisiertes Angebot. Das Unternehmen liefert dann schnell die bestellten Prototypenteile und Kleinserien – für Privatleute und Makers geeignet, weil es möglich ist, Einzelteile oder sehr kleine Mengen zu bestellen. Außerdem schreibt Proto Labs einmal im Jahr den „Cool Idea Award" aus, mit dem gute Ideen finanziell unterstützt werden sollen. Voraussetzung für die Teilnahme ist das Einsenden einer 3D-CAD-Datei und eine Beschreibung des Projekts. Die aktuellen Teilnahmebedingungen finden Sie am besten auf der Seite des Unternehmens selbst heraus. Den Preisträgern werden Dienstleistungen von Protomold und/oder Firstcut im Wert von bis zu 250.000 USD zur Verfügung gestellt.

www.querdenker.de, abgerufen im Dezember 2012: Ich habe die Seite des Querdenker-Clubs im Zusammenhang mit der Auszeichnung des Unternehmens Books on Demand genannt. Möglicherweise ist sie für Macher interessant. So heißt es auf der Seite: „Mit dem QUERDENKER-Award werden jedes Jahr Unternehmen und Personen geehrt, die mit Mut, Leidenschaft und Originalität ausgetretene Pfade verlassen und neue Wege gegangen sind. Ziel ist es, Höchstleister, Mutmacher, Regelbrecher und Zukunftsmanager auszuzeichnen, um damit die öffentliche Wahrnehmung für außergewöhnliche Ideen, kreative Köpfe und eindrucksvolle Erfolgsstorys zu fördern." Anmerkung der Autorin zum Status Ende 2012: Es winken Geldpreise, aber die Bewerbung um Auszeichnungen scheint auch Geld zu kosten. Bitte genau hinschauen!

www.wege-zum-buch.de, abgerufen im Januar 2013: Eine recht hilfreiche Seite für Autoren, die ihre Bücher selbst verlegen möchten. Mit Tipps und Hinweisen und außerdem einer Liste von verschiedenen Anbietern des Book-on-Demand-Verfahrens.

www.netfabb.com, abgerufen im Dezember 2012: Wer dreidimensionale Modelle in einer CAD-Software konstruiert und für den Druck exportiert, wundert sich manchmal darüber, dass die Modelle nicht druckbar sind. Mit der kostenlosen Prüf-Software von Netfabb kann jeder seine STL-Dateien ansehen, selbst auf Druckbarkeit überprüfen und gegebenenfalls reparieren. Es gibt eine kostenlose Variante und auch eine kostenpflichtige – die kostenpflichtige kann natürlich noch mehr als die, welche es geschenkt gibt.

Die kostenpflichtige Software Netfabb Studio Professional ermöglicht in ihrer neuesten Version (September 2012), mehr als 20 verschiedene 3D-CAD-Formate direkt zu importieren. Die CAD-Daten können aus ihren jeweiligen Programmen sofort in Netfabb importiert werden – ohne dass zuvor eine STL-Datei erzeugt werden muss. Dadurch dass auf diesen Zwischenschritt verzichtet wird, entfallen viele Fehlerquellen, die es beim Export aus einem CAD-Programm in eine STL-Datei geben kann.

Dienstleister für 3D-Druck

Bei meinem im Springer-Verlag 2012 veröffentlichten Buch über 3D-Druck/Rapid Prototyping wurde von einigen Lesern vermisst, dass ich keine Liste mit Links zu Dienstleistern hinzugefügt habe. Ich möchte natürlich weder für den einen noch den anderen werben – und außerdem nicht einen vergessen, der es vielleicht besonders verdient, aufgenommen zu werden. Hier werde ich für Makers ein paar Links zu 3D-Druck-Dienstleistern einfügen, mit dem Risiko, dass ein wichtiger fehlt. Ich versichere auch, dass ich dafür von keinem der Dienstleister

Geld bekommen habe. Bei allen im Folgenden aufgeführten 3D-Druck-Dienstleistern handelt es sich um solche, die auch kleine Aufträge von Privatanwendern entgegennehmen. Denn die meisten Macher werden sich in der nächsten Zeit sicherlich noch keine professionelle 3D-Druck-Anlage kaufen:

www.reality-service.com (Deutschland)

www.makeyourproduct.com (Deutschland)

www.fabberhouse.de (Deutschland)

www.shapeways.com (Niederlande, USA)

www.i.materialise (Belgien)

www.sculpteo.com (Frankreich)

Glossar

Creative Commons: Creative Commons ist eine im Jahr 2001 gegründete gemeinnützige Organisation, die unterschiedliche Standard-Lizenzverträge für freie Inhalte veröffentlicht. Mit diesen haben Künstler die Möglichkeit, der Öffentlichkeit Nutzungsrechte an ihren Werken einzuräumen. Die Standard-Lizenzverträge von Creative Commons sind für alle möglichen Werke nutzbar, für welche es ein Urheberrecht gibt – seien dies Fotografien, Texte, Musikstücke o.Ä.

DRM: Digital Rights Management (Digitales Rechtemanagement). DRM regelt sowohl ob als auch wie ein Objekt gebaut werden darf. Es handelt sich dabei um den Kopierschutz für 3D-Druck in den USA.

Maker Movement/Macher-Bewegung: Der Schwerpunkt liegt auf dem Erlernen und der kreativen Anwendung praktischer Fertigkeiten. In diesem Buch verwende ich die Begriffe Maker Movement/Macher-Bewegung oder auch Maker/Macher. Die englischen und deutschen Begriffe verwende ich abwechselnd, jedoch als Synonyme.

Quellen

Anmerkung der Autorin: Die hier aufgeführten englischen Quellen, aus denen ich in dem Buch zitiere, wurden für die Zitate von mir selbst ins Deutsche übersetzt.

Anderson, Chris: Makers: The New Industrial Revolution. Crown Business, New York, 2012

Fastermann, Petra: 3D-Druck/Rapid Prototyping: Eine Zukunftstechnologie – kompakt erklärt. Springer, Heidelberg Dordrecht London New York, 2012

Hamann, Götz: Der Alles-Drucker: Wie die neue Technik die Gesetze der Globalisierung verändert, DIE ZEIT, Nr. 41, S. 25, 04. Oktober 2012

Schmidt, Holger: Web-Wirtschaft: Neue Wundermaschine, FOCUS Magazin, Nr. 41, S. 72 (2012)

„The Economist" (Ausgabe: 03. – 09. Dezember 2011), „Technology Quarterly: More than just digital quilting"

„The Economist" (Ausgabe: 21. – 27. April 2012), „The third industrial revolution"

„The Economist" (Ausgabe: 28. Juli – 03. August 2012), „Print me a phone".

„The Economist" (Ausgabe: 03. – 09. November 2012), „3D printing: A third-world dimension"

„The Economist" (Ausgabe: 15. – 21. Dezember 2012), „3D printing: Your flexible friend"

„The Economist" (Ausgabe: 5. – 11. Januar 2013), „Schumpeter: Mammon's new monarchs"

Pressemitteilung von Autodesk, „Freiraum für digitale Kreativität: Autodesk 123D Produktfamilie", 17.11.2011

Pressemitteilung von Joshua Harker vom 28. November 2012 auf www.new.yahoo.com, von PRWeb unter dem Titel „3D Printing's Top Brass Join a Revolution on Kickstarter"

Papsdorf, Christian: Wie Surfen zu Arbeit wird: Crowdsourcing im Web 2.0, S. 69. Campus Frankfurt/Main, New York, 2009

Torrone, Phillip: Why the Arduino won and why it's here to stay, blog.makezine.com, 10. Februar 2011

Webinar der US-amerikanischen 3D-Drucker-Hersteller-Firma Stratasys mit dem Thema „Additive Manufacturing 101: How the Future of Additive Manufacturing and Manufacturing is Changing", Dozent: Jonathan L. Cobb, Vice President of Global Marketing von Stratasys, Inc., Dezember 2012

www.sciencegallery.com, abgerufen im März 2012

www.tuwien.ac.at, abgerufen im März 2012

www.stratasys.com, abgerufen im März 2012

www.dreams.me.vt.edu, abgerufen im Mai 2012

www.surveys.peerproduction.net, abgerufen im Juni 2012

www.excitingcommerce.de, abgerufen im Oktober 2012

www.kickstarter.com, abgerufen im November und Dezember 2012

www.repaircafe.de, abgerufen im November 2012

www.makersrow.com, abgerufen im November 2012 und im Januar 2013

www.printrbot.com, abgerufen im November 2012

www.makezine.com, abgerufen im November 2012

www.arduino.cc, abgerufen im November 2012

www.3d4dchallenge.org, abgerufen im November 2012

www.bod.de, abgerufen im November 2012

www.wired.com, abgerufen im November und Dezember 2012

www.wiki.blender.org, abgerufen im November 2012

www.fasterpoly.de, abgerufen im November 2012

www.chaosdorf.de, abgerufen im November 2012

www.rttnews.com, abgerufen im November 2012

www.formlabs.com, abgerufen im November und Dezember 2012

www.3ders.org, abgerufen im November 2012

www.hackerspaces.org, abgerufen im November 2012

www.makerfaire.com, abgerufen im November 2012

www.ted.com, abgerufen im November 2012

www.123dapp.com, abgerufen im November 2012

www.tinkercad.com, abgerufen im November 2012

www.opensourceecology.org, abgerufen im Nov. 2012

www.makerbot.com, abgerufen im Juni 2012

www.etsy.com, abgerufen im November 2012

www.retune.de, abgerufen im Oktober 2012

www.shapeways.com, abgerufen im Oktober 2012

www.cio.de, abgerufen im Oktober 2012

www.whitehouse.gov, abgerufen im November 2012

www.engadget.com, Jason Hidalgo: The future of higher education: reshaping universities through 3D printing, 19. Oktober 2012

www.energy.gov, abgerufen am 16. August 2012

www.innovateuk.org, abgerufen im Oktober 2012

www.localmotors.com, abgerufen im November 2012

www.voxeljet.de, abgerufen im April, Mai, November und Dezember 2012

www.tno.nl, abgerufen im April 2012

www.fab.cba.mit.edu, abgerufen im November 2012

www.zeit.de, abgerufen im Oktober 2012

www.washington.edu, abgerufen im November 2012

www.heise.de, abgerufen im Okt. und Nov. 2012

www.autodesk.de, abgerufen im November 2012

www.diskurs.dradio.de, Send, Henrik: Die dritte industrielle Revolution: Open Hardware – Die Produktionsstraße im Wohnzimmer, 02. November 2012

www.fritzing.org, abgerufen im Dezember 2012

www.heise.de, abgerufen im Dezember 2012

www.circuits.io, abgerufen im Dezember 2012

www.wohlersassociates.com, abgerufen im Dez. 2012

www.mcortechnologies.com, abgerufen im Dez. 2012

www.vimeo.com, abgerufen im Dezember 2012

www.josharker.com, abgerufen im Dezember 2012

www.willit3dprint.com, abgerufen im Dezember 2012

www.enlighten-toolkit.com, abgerufen im Dez. 2012

www.econolyst.co.uk, abgerufen im Dezember 2012

www.garagebilk.de, abgerufen im Dezember 2012

www.3dprintingindustry.com, abgerufen im Dez. 2012

www.mak3d.com, abgerufen im Dezember 2012

www.indiegogo.com, abgerufen im Dezember 2012

www.microsoft.com, abgerufen im Dezember 2012

www.querdenker.de, abgerufen im Dezember 2012

www.namii.org, abgerufen im Dezember 2012

www.semiticmuseum.fas.harvard.edu, abgerufen im Dezember 2012

www.golem.de, abgerufen im Dezember 2012

www.elastix.org, abgerufen im Dezember 2012

www.uelastix.com, abgerufen im Dezember 2012

www.fabacademy.org, abgerufen im Dezember 2012

www.raspberrypi.org, abgerufen im Dezember 2012

www.selfstarter.us, abgerufen im Dezember 2012

www.3druck.com, wöchentlich abgerufen

Wikipedia, täglich abgerufen

Die Autorin

Petra Fastermann gründete 2010 in Düsseldorf die Fasterpoly GmbH. Die Fasterpoly GmbH bietet zum einen 3D-Druck als Dienstleistung an und vertreibt zum anderen selbst entwickelte Produkte unter der Marke Fasterpoly.

Im November 2011 wurde Petra Fastermann für ihr Start-up-Unternehmen mit dem Unternehmerinnenbrief NRW ausgezeichnet. Im Juli 2012 veröffentlichte sie im Springer-Verlag ein Fachbuch zu 3D-Druck/Rapid Prototyping, das ebenfalls für Macher interessant sein könnte.

Außerdem gibt es von der Autorin noch einige Bücher im Bereich Belletristik.